환경생태미래연구총서 2
101 개소

일본정원(日本庭園)

이경재 저

들어 가는 글

법정스님 책에서 읽은 내용입니다.
은퇴한다는 것은 나에게 죽기 시작한다는 것을 뜻한다
일을 하며 싫증을 내지 않는 사람은 늙지 않는다
가치있는 것에 대하여 흥미를 가지고 일하는 것은 늙음을 밀어내는
가장 좋은 처방이다
나는 날마다 거듭 태어나며 날마다 다시 시작해야 한다
-파플로카살스-

2016년 1월 2일 지금까지 여러 사람들과 어울려 지내던 곳에서 짐을 싸들고 나섰습니다 그리고 2월22일에 새로운 좁지만 아담한 공간에 혼자만의 보금자리를 틀었습니다 모든 것을 제 스스로 해야 하는 새로운 시작이었습니다 처음으로 제 컴퓨터를 장만하고 작업을 시작하였습니다 처음 한두달은 내가 견디어낼 수 있을까 하는 생각이 들었습니다 날이 갈 수록 냉정하게 관계를 정리한 그들이 고마웠습니다 그리고 어떻게든 한번이라도 더 볼 수 있는 기회를 새롭게 만드는 사람들도 반가웠습니다

앞의 글처럼 이제 하루하루 새롭게 태어나 시작하여야 한다는 것을 지난 일년간 절실히 깨달았습니다 지금껏 살아온 68년 간을 명확한 목표를 세우고 살아 왔는가 과거는 흘러 간 물이니 소용없고 물레방아를 돌릴 수 있는 것은 지금의 물뿐입니다 순간순간이 모여 하루가 되고, 하루하루가 모여 한달이 되고, 한달한달이 모여 일년이 되고, 한해한해가 모여 죽음의 문턱에 이른다고 하지 않았는가 이제 나는 새로운 계획에 의해 매년 한권씩의 환경생태학 기록물을 만드는 과정에 있습니다 이번으로 네 번째 책으로 이 시대 환경생태분야 현황을 기록으로 남겨 후학들 공부에 조금이라도 보탬이 되었으면 하는 것이 제가 매일매일 새롭게 살면서 하는 목표이고, 실천해야 할 일입니다

지난 일 년간 제자신을 시험해 보았습니다 자그마한 공간에서 종일 공부를 하면서 헛헛하게 살지 않을 자신이 있는지 헛투로 시간을 낭비하지 않을 자신이 있는지 그리고 작은 제 지식과 지혜를 필요로 하는 분들에게 아낌없이 나눌 수 있는지 몇년을 더 몸과 정신이 건강하게 버티있을 수 있는 지는 모르겠지만, 우선 지난 일년은 유희삼매에 빠져 공부를 해왔습니다 이제 또 다른 일년을 재미있게 공부를 하고 결과물을 내기 위해 목표를 향해 외뿔소처럼 앞으로만 나가야 하겠습니다 그리고 항상 겸손 해야 할 것입니다

필자가 일본정원 답사를 시작한 것은 2003년 토쿄(京都) 다이센인(大仙院) 이었습니다 어느 책자에서 좁은 공간이지만 이 석조(石造) 정원은 깊은 선(禪)의 세계로 안내할 것이라고 하여 찾은 것 같습니다 당시는 유네스코 세계문화유산 등록 이전이라 탐방객도 적었고 사진 촬영도 자유로웠지만, 지금은 촬영금지 정원입니다 당시 저는 소인이 되어 석교를 지나 폭포에서 쏟아지는 시끄러운 물소리 계곡을 상상속에서 탐방하였습니다

이후 2008년 쿄토 몇 카레산스이(枯山水) 정원과 카나자와(金澤) 켄로쿠엔(兼六園) 과 쿄쿠센인(玉泉園) 등지를 답사하면서 일본정원에 관심을 갖게 되었습니다 카나자와 정원들을 당시 지바대학교 교수님이신 유이마사키(油井正昭) 선생님께서 현장 설명을 해주셔서 많은 이해를 하게 되었습니다 2011년에도 유이선생님이 토쿄(東京) 리쿠기엔(六義園) 등을 안내해 주셔서 관심이 더욱 커졌습니다 이후 2013년 일본정원을 우리 젊은 사람들에 소개하고 싶은 마음이 들었습니다 그리하여 2014년 13개소, 2015년 25개소, 2016년 25개소를 집중 답사하고, 이전 자료까지 모아 101개소 정원, 1,684장 사진을 소개하기 위해 본 책자를 발간하게 되었습니다

또 다시 법정스님 책자를 인용합니다

꽃을 보러 정원으로 나가지 말라
그럴 필요는 없다
그대 몸안에 꽃들이 만발한 정원이 있다
거기 연꽃 한송이가
수천의 꽃잎을 달고 있다
그 수천의 꽃잎위에 앉으라
그 수천의 꽃잎에 앉아서
정원안이나
정원밖에서도
늘 피어 있는 그 아름다움을 보라
-15세기 인도 영적시인 까비르-

우리 마음속에는 원초적인 자연이 깃들여 있다고 합니다 이 단계까지 저도 도달하고 싶습니다 저는 한 단계 낮지만 꾸준히 정원을 감상하다 보면 「겸손」 경지에 도달할 것으로 생각합니다

물 없이 모래, 돌 등으로 조영한 카레산스이(枯山水)정원에서 봉래산, 아미산, 구산팔해,

거북섬, 학섬 등으로 이루어진 선(禪) 세계속에서 마음을 안정시키고 자비를 생활속에서 실천할 것을 다짐해 봅니다. 이런 생각을 내 것으로 하려면 모든 것을 버리고 마음을 비워야 합니다. 비우려면 낮아져야 합니다.

자연경치를 축소한 경관(縮景) 을 기본으로 하는 치센회유식(池泉回遊式) 정원은 그 자체가 자연입니다. 자연질서에 참여하는 만물은 자기의 도리를 잘 알고 있습니다.나무를 예로 들어 봅니다. 나무들은 봄에 긴 겨울을 굶주렸던 곤충들을 위해 꽃을 피워 먹여 살립니다. 또한 숨쉬는 만물을 위해 깨끗한 공기를 전해 주고, 탁한 공기는 나무 몸속에 저장하여 자양분으로 사용합니다. 겨울을 나기전 모진 바람을 견디기 위해 나무는 헌옷을 벗어 대지에 영양분으로 제공합니다. 만물은 자연질서에 어떤 역할을 할지를 알면서 그 책임을 다하고 있습니다. 인간이 오기전부터 만물들은 이런 자연질서를 유지하였기에 아름다운 초록별, 지구가 존재하고 있습니다. 사람도 자연 일부이기에 자연질서에 순종해야 합니다. 치센회유식 정원은 자연질서를 우리에게 보여 주고 있는 것입니다. 자연질서에 동참하려면 지족(知足)을 실천해야하며, 이 덕목은 겸손을 바탕으로 하고 있습니다.

정원을 탐방하는 것은 궁극적으로 겸손해지기 위함입니다. 다만 정원지식을 중언부언 하다보니 양이 많아졌습니다. 지식전파는 말로 하는 것이고, 지혜는 각자 침묵속에서 깨닫는 것이라고 합니다. 정원을 통해 많은 지식과 지혜를 얻기를 모든 분들게 바랍니다.

본 졸저가 이 세상에 나오기까지 많은 분들 도움을 받았습니다. 항상 여행계획, 현지숙박, 현장안내, 원고교정까지 애써주신 김선희박사에게 우선 감사드립니다. 김박사 도움없이는 불가능한 일입니다. 빨리 쾌차하세요. 일본에 계신 유이마사키(油井正昭) 교수님 내외분 안내에 감사드리며 남은 인생여정에 고목의 지혜를 계속 전파하시며 건강하게 사십시오. 표와 그림제작에 참여해 준 장재훈박사에게 감사드립니다. 항상 격려와 희생속에서 출판을 담당하고 계신 광일문화사 이상춘사장님께 감사드립니다. 저에게 항상 격려, 많은 정보제공, 현장가이드 역활을 해주고 계신 이름을 밝히지 말라는 분께도 감사드립니다. 오늘도 제 걱정을 해주시는 모든 분들게 감사드립니다.

2017년 2월 하순

작고 아담한 大河서당에서
황금 능수버들을 바라보며
이 경 재

차 례

제2부 일본정원별 특색_35

4. 세계 1001개소 선정정원중 일본국내정원_174

제1부

일본정원 이모저모

제 1 부 일본정원 이모저모

1. 사회변화와 정원변천

1) 역사적 사건과 정원변천

일본역사에서 큰 특징은 군사정권 수립이었다. 1185년 군사정권이 시작되었는데 1192년부터 카마쿠라口倉에 무신정권정부를 세워 실질적이고 정치적인 권한을 행사하며 교토京都왕권을 허수아비로 만들었다. 이후 무로마치(室町), 에도江戶;현 토쿄로 옮겨다니면서 675년동안인 1876년 정권을 왕에게 반납할때까지 지속되었다.

카마쿠라시대이전 교토는 귀족계급들이 사치로운 생활을 하여 별장마다 큰 못을 조성하여 배를 타고 경관을 즐기는 선상풍경감상을 선호하였다. 큰 못이 계속 생기자 차츰 지하수가 고갈되기 시작하여 못을 유지하는 문제가 생길정도였다 한다. 카마쿠라시대이후 세력이 강해진 무력권력집단이 동, 서군으로 나뉘어 10 여년1467~1477에 걸쳐 전쟁을 하는 오닌應仁난이 발생하게 된다. 이때 교토 귀족계급 대저택과 정원이 대부분 불타게 된다.

일본에 불교 종파 중 임제종臨齊宗이 1187년, 조동종曹洞宗은 1223년에 송나라에서 전래되며, 이때 차문화도 함께 들어온다. 이런 종파들은 선종禪宗으로서 좌선을 통해 깨달음을 얻어 해탈에 이르게 된다고 한다. 선禪을 중요하게 여기는 종파사찰은 작은 정원을 대부분 갖고 있다. 오닌난으로 저택과 사찰이 불탄이후 경제적 사정이 좋지 않아 복구과정에서 작은 규모 정원을 택하게된 것도 같은 맥락이다.

이런 경향을 부채질한 것이 1619년 사원법 개정이다. 오래전부터 사찰 방장方丈정면에 모래밭을 조성하여 종교적 야외행사를 가져왔다. 그러나 건축물이 차츰 커지면서 이런 행사들이 실내로 들어오게 된다. 큰 모래밭을 이용은 하지 않지만 청결유지 등 관리는 계속할 수 밖에 없는 힘든 상황이 되었다 결국 사원법을 개정하여 모래밭에 나무와 풀을 심고 돌을 배치하는 정원조성을 공식적으로 허가한 것이다. 이런 법개정과 경제적 사정으로 각 사찰규모에 맞는 정원

이 생긴 것이다

무신정권 중앙정부가 에도로 옮긴 때가 1603년이다. 이때는 지방을 40여개로 나누어 무사계급들이 영주가 되어 다스리게 된다 중앙정부는 지방영주들이 군사를 이끌고 에도를 쳐들어 올까 걱정하여 1635년 산킨고다이參勤交代법을 시행하게 된다 지방영주들을 1년간은 지방영지에서 근무하고, 1년은 가족이 볼모로 있는 에도에서 살게 하는 것이다. 에도에서는 영주별로 권력 크기에 따라 토지를 하사하고 저택을 건축한 뒤 주로 치센회유식 정원을 조영케 하였다. 이때 큰 못을 파고, 파낸 흙으로 축산築山을 하며 자연을 모방한 축경식縮景式정원을 조영하여 서로 자랑하는 것이 당시 풍조였다고 한다 이런 연유로 규모가 큰 치센회유식 정원이 에도와 지방에 생기게 된다.

또한 지방영주가 군사를 이끌고 에도를 공격하는 것을 막기위해 하천에 다리건설도 하지 않았다 한다. 지방에서 에도까지 이동하기 위해 수십명에서 수백명 짐꾼들이 동원되었기에 일정 지역마다 여관종류 숙박시설이 지어져 훗날 관광인프라 조성에 기초가 되었고 아울러 상업이 본격적으로 시작되었다 한다. 곁들어 지방에서 에도로 향하는 직선도로가 많아지게 된다.

표 일본 역사적 사건과 일본정원 조영시기

연대	중국	역사시기	역사적 사건	정원별 조영시기	유럽 및 정원 조영시기
		야마토	–서기552년 백제에서 불교 전래		
		–588			
–500	–618	아스카			
		–710	–710 나라로 수도이전		
	당	나라(84년간)			
		–794	–794 교토로 수도이전		
				–888 닌나지 (仁和寺)	
	–907				
	5국	헤이안 (398년간)			
	–959			–1053 뵤도인 (平等院)	
	북송			–1117 모추지 (毛越寺)	
–1000					
	–1126		–1185 군사정권 수립		
	남송		–1187 임제동과 차문화 도입		
		–1192			
	–1208	카마쿠라			

		(140년간)	-1223 조동종 도입		
				1291 난젠지 (南禪寺)	
	원	-1332			-13c 알함브라궁 (스페인)
			-1336 교토로 무사정권 이동		
				-1339 사이호지 (西芳寺), 텐류지 (天龍寺)	
	-1368				
		무로마치 (235년간)		-1397 킨카쿠지 (金閣寺)	
			-1467~1477 오닌난		-1455 메디치별장 (이태리)
				-1482 긴카쿠지 (銀閣寺)	
				-1488 료안지 (龍安寺)	
			-1490~1590 전국시대		
-1500	명				
				-1513 다이센인 (大仙院)	
		-1538			
		모모야마 (15년간)	-1549 에스파니아 선교사 도착		
			-1587 선교사 추방령		
		-1603			
				-1606 코다이지 (高台寺)	
			-1619 사원법 개정		
				-1629 카츠라리큐 (桂離宮)	
				-1632 콘치인 (金地院)	
			-1635 산킨고다이(參勤交代)법 시행		-1635 베르사유 궁전 (프랑스)
				-1637 겐로쿠엔 (兼六園)	
			-1639 해외 폐쇄 정책		
-1644		에도 (264년간)			
				-1659 슈가쿠인 (修學院)	
				-1700 오카야마 고라쿠엔 (岡山後樂園)	
				-1720 키요스미테이엔 (清澄庭園)	
	청				-1748 스토어헤드 (영국)
				-1843 카이라쿠엔 (階樂園)	
			-1854 서양에 대한 문호개방		
		-1867			
-1900		메이지			
	-1911			-1939 토후쿠지혼보 (東福寺本坊)	
				-1964 료긴안 (龍吟庵)	

※ 출처 : M. Bring & J. Wayembergh. 1981. Japanese Gardens에 다른 자료 추가

2) 서양정원 영향

에스파니아 예수회소속 선교사 프란체스코 사비에로1506~1552가 일본 카고시마鹿兒島에 1549년 도착하는데 포교속도가 빨라져 이듬해에 쿄토 포교가 이루어졌다 한다. 1587년에는 서 일본을 중심으로 2백개 교회, 20만명 신자에 달할 정도이었다. 그러나 1612년 첫 크리스도교 금지령이 내려지고 1638년에는 완전 금지령이 내려지면서 쇄국정책으로 전환하게 된다 쿄토에 크리스도교가 들어온 이후에 왕과 선교사가 대면하고 궁정정원사에게 서구기술을 가르치게 하였다 .

당시 쿄토에는 3대 정원사이면서 차茶의 달인이 있었다. 제1대는 덴노리큐千の利休;1522~1591로 딸이 크리스챤이었다. 제2대는 후쿠다오리배古田織部;1543~1615로 리큐 제자이며 매부가 크리스챤이었다. 하부에 마리아상을 조각한 석등을 오리배 석등이라고할 정도로 크리스도교와 관계가 깊었다. 제3대는 코보리엔슈小掘遠州;1579~1647는 오리배 제자로 크리스챤과 가까웠으며 이들 모두 서구문화를 쉽게 받아 들였을 것이다.

특히 코보리엔슈는 카츠라리큐桂離宮정원, 료안지龍安寺석정, 센토고쇼仙洞御所정원 작정에 참여하였다 이때 유럽 르네상스 바로크 수법을 도입하는데 원근법, 비스타 기법, 황금분할법, 수목의 강한 전정 등 기법을 활용하게 된다 그리고 센토고쇼 정원에 로마사쿠라, 포도나무, 해바라기 등 유럽식물을 식재하고 분수를 도입하였으나 화재로 소실되어 현재는 남아 있지 않다고 한다宮元健次, 2006.

에스파니아 대표적 정원이 알함브라궁 정원으로 13세기에 조영되었고, 선교사가 도착한 1549년부터 크리스도교 완전 금지령이 내려진 1638년 사이에는 프랑스 베르사이유궁 정원이 조영되었다 사진에서도 알 수 있듯이 원근법, 기하학적 수법, 수목에 대한 강한 전정기법, 분수 등 조경요소가 일본에 영향을 미쳤을 것이다.

스페인 알함브라궁(13세기조영). 강전정의 수벽으로 비스타기법을 구사(16.05.15)

비스타기법에 첨가한 분수가 섬세함(16.05.15)

서양정형식 정원의 꽃밭(16.05.15)

건물내부의 모자이크장식 기법(16.05.15)

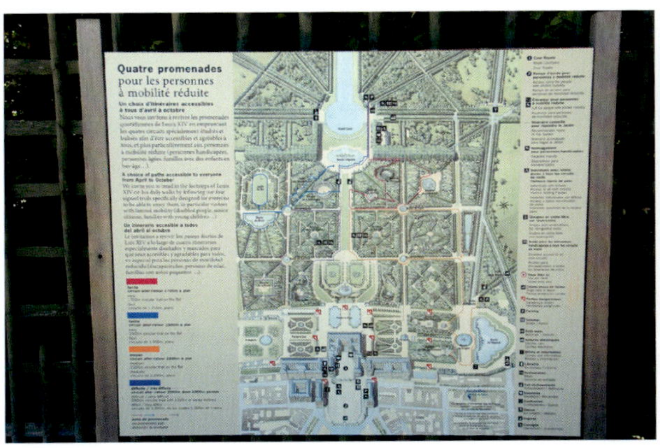

정원에 설치된 안내시설. 하단부가 궁전, 중간이 자수화단, 윗쪽이 운하(09.07.14)

베르사이유궁전정원 모습. 분수에서 운하를 거쳐 숲지 적용된 비스타기법. 유럽 정형식 정원의 백미이다(09.07.14)

수를 놓은듯한 자수화단(09.07.14)

여러 형태로 가꾼 토피아리와 수벽(09.07.14)

말형상의 분수. 분수는 오전 11시~오후 1시까지만 살아 있음(09.07.14)

대리석으로 만든 거대한 분수(09.07.14)

코스모스, 데이지, 루드베키아 등으로 심겨진 꽃밭(09.07.14)

자연형의 못과 건축물(09.07.14)

2. 정원분류

앞서 언급한 오닌난때 귀족들이 배를 타며 즐기던 큰 못 중심정원이 잿더미가 된 이후 카레산스이식枯山水式정원이 쿄토 사찰을 중심으로 나타나게 된다. 본 정원은 주로 선사禪寺에 조영되고 물을 사용하지 않으며 전기 및 후기식으로 나뉜다. 전기식은 쿄토 사이호지西芳寺정원이 대표적이며 보통 경사지에 암석을 배치하였다 후기식은 흔히 볼 수 있는데 모래, 바위를 사용하여 조영한 정원이다.

주로 에도시대1603~1867에 발달된 정원은 큰 못을 중심으로 암석, 수목 등으로 축경식縮景式수법을 활용하여 조영된 정원을 치센식池泉式정원이라 하며, 치센은 정원 못을 지칭한다. 정원 규모가 커서 주로 치센을 회유하며 감상하는 치센회유식池泉回遊式이 많다. 그러나 때로는 카레산스이 회유식, 치센 감상식도 있다.

쿄토 사이호지(西芳寺)정원(11.02.25)

교도 엔도구인(圓德院)징원. 물이 흐르시 않는 하천(枯川)(15.10.01)

히코네(根内) 겐큐엔(玄官園)(16.04.07)

교토 슈카쿠인리큐(修學院離宮)정원(15.09.25)

오카야마(岡山) 코라쿠엔(後樂園)(07.01.30)

타카마츠(高松) 리츠린(栗林)공원(16.04.12)

히로사키(弘前) 후쿠다(藤田)기념정원(15.10.25)

일부 학자宮元健次, 2006는 정원에 면하고 있는 건물 활용에 따라 정원분류를 하기도 한다. 즉, 불상이 모셔진 건물앞 정원은 정토식淨土式정원, 건물에 사는 사람 개인용도로 사용할때는 침전조계寢殿造系정원, 건물이 몇채 있어 여러 사람이 사용할 때는 서원조계書院造系정원으로 구분하였다. 정토식 정원으로는 교토京都뵤도인平等院, 교토 죠루리지淨琉璃寺, 요코하마 쇼묘지称名寺를 들 수 있다.

침전조계 정원으로는 교토 콘치인金地院, 교토 만슈인曼殊院, 교토 콘푸쿠지金福寺에서 볼 수 있다 서원조계 정원으로는 교토 긴카쿠지銀閣寺, 교토 카츠라리큐桂離宮, 히코네根內 겐큐엔玄宮園을 예로 들 수가 있다 물론 이들 정원도 카레산스이식과 치센식으로 구분이 가능하다.

교토 뵤도인(平等院)정원(15.09.30)

요코하마(横浜) 쇼묘지(称名寺) 정원(15.04.16)

교토 죠루리지(浄瑠璃寺)정원(15.09.30)

교토 콘치인(金地院) 정원(14.11.15)

교토 만슈인(曼殊院)정원(14.11.29)

교토 콘푸쿠지(金福寺) 정원(14.11.15)

교토 카츠라리큐(桂離宮) (14.02.20)

교토 긴카쿠지(銀閣寺) (14.02.17)

히코네(根内) 겐큐엔(玄官園)(16.04.07)

3. 정원요소

보통 일본정원에서는 크게 4대요소로 물, 암석, 수목식재, 경물景物로 구분田中昭三, 2002하였으나 우리에게는 생소하기에 특이한 모든 것을 정원요소로 다루었다

1) 치센池泉

일본정원에서 못을 치센이라고 부르며 우리말에는 없는 용어이다 쿄토지역에서는 오닌난 이전에는 많았지만 오늘 날에서는 얼마 남아 있지 않다 치센회유식은 토쿄東京지역에서 많이 볼 수 있다.

타카마츠(高松) 리츠린(栗林)공원(16.04.12)

카나자와(金沢) 켄로쿠엔(兼六園)(10.11.25)

쿄토 헤이세이(平安)정원(13.05.12)

요나고(米子) 유시엔(由志園)(15.04.26)

2) 야리미츠遺水와 곡수曲水

정원 치센으로 흘러드는 아름다운 물길 모습도 정원요소로서, 많은 정원에서 노출되어 있지 않은데 야리미츠遺水라고 부르며, 물길은 곡선으로 조성되어 있어 쿄크스이曲水라고 한다. 우리나라 경주 포석정 물길을 연상할 수 있겠다. 일본정원에서 가장 긴 야리미츠는 히라이이즈미平泉 모츠지毛越寺정원으로 해마다 신라 경순왕이 포석정 연회를 열은 똑같은 행사를 갖는다고 한다.

히라이이즈미(平泉) 모츠지(毛越寺)정원(15.10.21)

쿄토 사이호지(西芳寺)정원(11.02.25)

마이바라(米原) 효즈타이샤(兵柱大社)정원(16.04.06)

쿄토 헤이안(平安)정원(07.04.02)

3) 폭포瀑; 타키

웬만한 치센정원에서는 거의 대부분 물길을 이용하여 소규모 폭포를 조영한다. 심지어 카레산스이枯山水 정원에서도 물이 흐르지 않는 폭포枯瀑, 枯瀧까지 설치하여 중요한 정원요소이다. 중국 황하 중류에 물살이 센 여울이 있는데 잉어가 이곳을 뛰어 오르면 용이 된다는 전설이 있으며 이곳 명칭이 용문龍門이라고 한다. 그래서 입신출세의 어려운 관문을 통과하여 출세하는 것을 등용문登龍門에 비유한다.

교토 긴카쿠지(銀閣寺) 정원 용문폭포(14.02.17)

교토 킨카쿠지(金閣寺)정원 용문폭포(14.11.28)

교토 마츠오타이샤(松尾大社) 정원 용문폭포(15.04.21)

토쿄 구 후루가와(旧 古河)정원 카레(枯)용문폭포(15.04.14)

4) 쓰하마州浜

사면이 바다인 일본 해안 지형형상을 쓰하마州浜라고 하며, 정원에서는 조약돌 등을 깔아 맑은 물을 보여 주기도 하고, 아름다운 경관을 연출하기도 한다. 쿄토 센토고쇼仙洞御所가 유명하다.

쿄토 센토고쇼(仙洞御所) 정원(14.02.21)

히라이이즈미(平泉) 모츠지(毛越寺)정원(15.10.21)

쿄토 코이시가와코라쿠엔(小石川後樂園)(15.12.03)

히로시마(広島) 슛케이엔(縮景圓)(16.02.07)

5) 데지마出島

해안지형중 바다로 돌출된 반도모양 형상을 말한다. 수변지형 변화를 주는 현상이다.

토쿄 헤세이(平安)정원(07.04.02)

오카야마(岡山) 코라쿠엔(後樂園)(16.02.12)

쿄토 텐류지(天龍寺)정원(05.04.08)

하라이이즈미 모츠지(毛越寺)정원(15.10.21)

6) 아리소荒磯

해안 경관중 암석이 거친 풍랑을 맞고 서 있는 형상을 표현한 것이다.

교토 하마리큐온시정원(浜離宮恩賜庭園)(15.11.27)

교토 구 시바리큐온시정원(旧 芝離宮恩賜庭園)(15.11.27)

히라이이즈미 모츠지(毛越寺)정원(15.10.21)

7) 섬島; 시마

정원 내 치센池泉을 조영하게 되면 그 못이 크던, 작던 섬이 있어야 깊은 경관미가 있게 된다. 그래서 대부분 치센에 섬을 조영한다. 카레산스이 정원에서도 모래밭은 대해大海, 배치한 암석은 섬으로 봉래산蓬萊山 등을 상징한다. 봉래산은 중국 전설에서 신선이 산다는 삼신산三神山의 하나로, 삼신산은 봉래산, 방장산方丈山, 영주산瀛州山이다. 우리나라에서는 금강산, 지리산, 한라산이 삼신산에 해당된다.

다카마츠(高松) 리츠린공원(栗林公園)(16.04.12)

쿄토 리쿠기엔(六義園)(11.02.23)

히라이이즈미 모츠지(毛越寺)정원(15.10.21)

히로시마(広島) 슛케이엔(縮景園). 거북섬(07.01.28)

8) 디딤돌敷石; 시키이시과 징검돌飛石; 도비이시

비가 많이 내리는 일본정원은 원로園路가 물이 고여 있거나, 진흙이어서 걷기 힘든 것을 방지하기 위해 땅에서 건축물 마루에 오르는 디딤돌을 조영한다. 우리는 이 돌을 디딤돌 또는 댓돌이라고 부르며, 신고 온 신을 여기에 벗어 놓는다. 도비이시飛石를 징검돌로 부르는 것은 정확한 표현은 아닐 듯 싶다.

징검돌을 걷다보면 다른 길과 만나는 삼거리가 나오는데, 이 지점에서 잠시 생각하면서 머뭇거리라고 삼거리 돌은 큰 것을 배치한다. 손님에 대한 배려이다.

교토 오하라(大原) 짓코인(実光院)정원. (05.04.07)

교토 카츠라리큐(桂離宮)정원. 큰 디딤돌과 징검돌(11.02.25)

교토 카츠라리큐(桂離宮)정원. 다듬은 돌로 촘촘이 원로를 조영(11.02.25)

토쿄 키요스미(清澄)정원(15.04.15)

9) 돌수각手水針; 쵸즈바치

일본정원 차정茶亭입구에 배치하는 손을 씻는 돌그릇인데 필수적인 정원요소가 되었다. 우리말로 밥그릇을 표현하는 말로 바리라고도 하여 돌바리라고 부를 수도 있겠다. 정원을 방문할 때 물뜨는 그릇까지 있어 마시는 물로 착각하지 말아야 한다. 손 씻는 물이다

교토 만슈인(曼殊院)정원(14.11.29)

교토 료안지(龍安寺)정원. 가운데 ㅁ를 공통으로 네글자를 표현(11.02.25)

교토 긴키쿠지(銀閣寺)정원. 긴카쿠지형 돌수각 (14.02.17)

다카마츠(高山) 리츠린(栗林)공원(16.04.13)

10) 석등石灯籠; 이시도료

등에서 비롯된 것으로 석등안에 불을 밝히게 되어 있다. 본래 나무등, 석등, 철등으로 구분하는데 나무등은 불에 타기 쉬어 거의 사라졌고, 철등도 소수만 남아 있다. 대부분 석등이다. 석등도 독특한 디자인으로 정원마다 다르기에 관심있게 관찰하는 것도 좋을 것이다.

카나자와(金沢) 켄로쿠엔(兼六園). 심볼 석등(10.11.24)

카나자와(金沢) 쿄쿠센인(玉泉園). 오리배석등. 하단부 마리아상이 보임(10.11.26)

히로사키(弘前) 후지타(藤田)기념정원. 유키미(雪見) 석등(15.10.25)

토쿄 키요스미(清澄)정원(15.04.15)

교토 슈카쿠인리큐(修学院離宮)정원. 소매형 석등 (14.02.18)

교토고쇼(京都御所)정원. 철로 만든 철등(15.10.06)

11) 다리橋; 바시

치센회유식 정원과 같이 치센이 있는 정원에서 대부분 다리를 조영한 것을 볼 수 있다. 이 다리 또한 돌, 나무, 흙 등으로 독특하게 디자인한 것이 볼거리다. 카레산스이 정원에서도 물이 흐르는 강을 표현하고자 돌다리를 많이 설치한다 돌다리는 아울러 현세와 피안 세계를 가르는 상징이기도 하다.

카나자와(金澤) 겐로쿠엔(兼六園). 판석 9장으로 소영 (15.12.03)

교토 코이시가와코라쿠엔(小石川後樂園) 야츠바시(八丈橋)(15.12.03)

히로시마(広島) 슛케이엔(縮景園). 서호제방다리 (07.01.28)

쿄토 토후쿠지(東福寺) 츠텐교(通天橋)(14.02.20)

토쿠시마(德島) 성내정원 돌다리. 길이 15m(16.04.10)

도쿠시마(德島) 아와코쿠분지(阿波国分寺) 카레산스이 정원(16.04.09)

12) 식재식물植栽植物

정원 경관을 아름답게 꾸미려면 수목이상 좋은 것이 없을 것이다. 대부분 꽃, 열매, 단풍을 감상할 수 있고, 야생조류 울음소리, 곤충 울음소리까지 정원 요소로 등장하게 된다.

(1) 벚나무류

일본인이 가장 좋아하고, 아끼는 꽃나무이다. 벚꽃을 일년 내내 보고 싶어하고, 다양한 꽃을 즐기려는 바램으로 이에 발 맞추어 계속 새로운 품종이 출현하고 있다. 최근에는 초봄부터 가을까지 꽃이 피는 품종, 아울러 담홍색, 붉은 색, 옅은 녹색 꽃이 피는 벚꽃 품종이 계속 나오고 있다. 꽃 피는 시기에 맞추어 정원을 방문하게 되면 눈이 정말로 호사하게 된다.

쿄토 코다이지(高台寺)정원 내 벚나무야경(05.04.05)

쿄토 텐류지(天龍寺)정원(05.04.08)

토쿄 키요스미(清澄)정원 내 칸히(寒緋)벚꽃나무(16.03.13)

토쿄 키요스미정원. 겹벚꽃나무(15.04.15)

(2) 소나무류

정원에 주로 식재하는 소나무류는 우리가 말하는 적송赤松이 제일 많다. 수피가 붉고 수형이 당당하여 일본에서는 오사마王様라는 별명까지 갖고 있다. 지극 정성으로 관리한다. 매년 죽은 잎, 묵은 잎 등을 비롯하여 잎 절반을 솎아주어 통기가 잘 되도록 해준다. 소나무이외 섬잣나무(또는 오엽송)를 많이 심는데 오랜 기간 관리한 몇 백년된 나무를 종종 볼 수 있다. 해송은 흔히 흑송黑松이라 부르는데 조경수보다는 방풍림 조성에 많이 식재하기도 한다. 흑송은 남자나무, 적송은 여자나무로 부르기도 한다.

교토 텐류지(天龍寺)경내 아름다운 소나무(美松)(14.11.27)

교토 센토고쇼(仙洞御所)정원(14.02.21)

교토 오하라(大原) 호센인(宝泉院)정원내 600년생 섬잣나무(15.10.02)

다카마츠(高松) 리츠린(栗林)공원. 섬잣나무분재목을 땅에 심었다함(16.04.12)

(3) 대나무류

교토나 토쿄지역은 우리나라 기후대로 말하면 난대~온대 남부지역으로서 대나무 생육이 잘 되는 곳으로 정원마다 대나무림을 볼 수가 있는데, 맹종죽을 많이 심는다.

코토 텐류지(天龍寺) 후문밖 맹종죽숲(14.01.27)

토쿄 쇼와기념공원 일본정원내 맹종죽과 새순(09.05.01)

미토(水戶) 카이라쿠엔(階樂園)정원 내 시시종류인 간지쿠(寒竹)(09.01.29)

오사카 만박공원일본성원 내 보기드문 대나무 매듭(05.04.02)

(4) 단풍드는 나무류

낙엽활엽수들은 대부분 단풍이 드는데, 그중 단풍나무 가을 잎이 가장 아름답다. 붉은색 단풍 잎은 가을을 상징하는 가장 좋은 나무로 대부분 정원에서 식재한다. 단풍나무는 아교목성상 나무로 교목밑에서 자라지만, 교목으로도 심어 단풍나무 위용을 감상하기도 한다. 앞에서 언급한 것 같이 토쿄 평균온도가 서울보다 높아 단풍드는 시기가 서울보다 늦다. 토쿄는 11월 하순~12월 상순, 쿄토는 11월 하순~12월 중순에 단풍을 감상할 수 있다. 그러나 기후온난화, 가을 강수량, 낮과 밤 온도차이 등에 따라 단풍드는 시기가 매년 달라질 수가 있다.

쿄토 텐류지(天龍寺) 가을단풍(14.11.27)

쿄토 난젠지(南禪寺) 가을단풍. 이끼가 돋보임(14.11.25)

쿄토 료안지(龍安寺) 가을단풍터널(14.11.28)

쿄토 니조성(二条城) 메타세콰이어, 단풍나무, 도우단철쭉 등의 단풍든 모습(14.11.27)

(5) 소철

소철 원산지는 오키나와로서 이 지역은 아열대기후이다. 아마도 소철은 치센 회유식 정원이 유행이기 시작한 1600년대에 본격적으로 식재된 것 같다. 소철이 여러 정원에 심겨 있고, 늦가을에 짚으로 싸서 겨울을 나게 한다. 유럽에서 아메리카 신대륙 발견이후 신대륙 식물을 경쟁적으로 유럽 정원에 심은 예와 비슷할 것이다.

고베(神戸) 소라쿠엔(相樂園) 소철원(15.04.19)

히로시마(廣島) 슛케이엔(縮景園) 월동준비 완료된 소철(16.02.07)

(6) 철쭉류

일본 사람들은 철쭉을 매우 좋아하여 1692년에 이미 철쭉 전문서적이 발행되었고, 1600~1700년대에 철쭉 식재가 대유행이었다고 한다. 그리고 토쿄 리큐기엔六義園조영시 츠츠치(철쭉)원예가 유행이어서 관목인 츠츠치 줄기를 사용하여 차정자까지 조영한 것을 볼 수가 있다.

오카야마(岡山) 코라쿠엔(後樂園) 철쭉(07.04.28)

토쿄 쇼와기념공원 일본정원 내 개화된 철쭉(09.05.01)

토쿄 코쿄히카시교엔(皇居東御苑) 만병초류(15.04.15)

토쿄 코쿄히카시교엔 집단식재된 철쭉류(15.04.15)

(7) 강전정한 수목들

일본에서 식재 수목을 강전정하는 수법은 유럽에서 전래된 것이라고 한다. 1549년 에스파니아 선교사 일본 도착 이후 서양조경을 전파하면서 영향을 받았을 것으로 추측하고 있다.

쿄토 긴카쿠지(銀閣寺) 입구 전정된 수벽(14.02.17)

다카하시(高梁) 라이큐지(賴久寺)정원(16.02.12)

쿄토 묘신지타이조인(妙心寺退藏院)정원(14.11.28)

쿄토 슈카쿠인리큐(修學院離宮)정원에 댐제방을 가리기 위한 강전정한 철쭉(15.09.29)

(8) 등나무

많은 치센회유식 정원에서 등나무 시렁을 만들어 등나무를 키우고 있다. 5월에 피는 꽃이 일품이다.

오카야마(岡山) 코라쿠엔(後樂園) 꽃핀 등나부 (07.04.28)

쿄토 뵤도인(平等院)입구(15.09.30)

(9) 목단

목단은 중국이 원산지이다. 우리나라는 신라 선덕여왕시대 목단 설화가 전해지듯이, 일본에도 오래전에 전래된 수종이다. 요나고米子유시엔由志園목단원이 유명하다. 꽃이 아름다운데 4~5월에 시기를 잘 맞추면 목단 구경이 가능하다.

오카야마(岡山) 코라쿠엔(後樂園)(07.04.28)

요나고(米子) 유시엔(由志園)(15.04.26)

(10) 싸리나무

우리나라에서는 싸리나무가 조경수목으로 그다지 사용되지 않으나, 일본에서는 많은 정원에서 귀하게 취급하고 있다. 일본에서 전해진 화투 12달 중 4, 7월 식물이 싸리이다. 여름 연한 홍색 싸리꽃이 볼만하다.

교토 코다이지(高台寺)정원(15.10.01)

토쿄 구 시바리큐온시정원(旧 芝離宮恩賜庭園)(15.11.27)

13) 유키츠리雪吊り

우리나라에서는 생소한 정원요소이다. 눈이 많이 내리는 지방에서 습한 눈이 수관에 쌓이게 되면 약한 가지가 부러지는 경우가 많다. 그래서 가을에 나무 중심에 말뚝을 세우고 새끼를 묶어 수관 가장자리로 내려 묶게 되면 눈이 새끼를 타고 땅에 눈이 떨어져 눈피해를 막을 수가 있다. 눈이 많이 내리는 지방에서는 관목에도 유키츠리를 설치하기도 한다. 정원 경관요소로 훌륭하다.

토쿄 고이가와코라쿠엔(小石川後樂園)(11.02.23)

토쿄 토노가야토(殿ヶ谷戸)정원(15.12.02)

후쿠이(福井) 요코칸(養浩館)정원(10.11.27)

카나자와(金沢) 켄로쿠엔(兼六園) 찻집앞(11.02.23)

14) 타케카치(竹桓; 대나무담)

일본에서는 오래전부터 정원마다 대나무를 엮어 울타리로 사용한 것 같다. 몇 정원에서는 정원 명칭을 붙인 대나무담을 소개하고 있다. 나무 담은 대나무 뿐만 아니라 싸리나무를 엮어 울타리를 만드는 경우도 종종 볼 수 있다.

쿄토 카츠라리큐(桂離宮). 왼쪽 대나무, 오른쪽 싸리나무 담장(14.02.20)

히메지(姫路) 코코엔(好古園) 싸리나무 울타리(15.04.22)

교토 료안지(龍安寺) 대나무 울타리(14.11.28)

교토 카츠라리큐 대나무생울타리(11.02.25)

15) 츠키야마築山; 축산

토쿄 동쪽과 동남쪽은 대하천과 연안으로 매립을 한 지역이다. 매립 시작은 17세기 초인 에도시대 초기부터 시작되었다 한다. 이런 지형에서는 높은 산이 없다. 그래서 치센회유식 정원에서 치센을 조성하기 위해 파낸 흙으로 정원 내에 야트막한 산을 만들게 된다. 옛날에는 토쿄에서 후지산富士山이 잘 보여 후지산을 닮은 축산을 하는 경우도 있었다.

교토 코이시가와코라쿠엔(小石川後樂園) 조릿대로 덮힌 축산(11.02.23)

오카야마(岡山) 코라쿠엔(後樂園)(07.04.28)

제2부

일본정원별 특색

제2부 일본정원별 특색

십 여년전부터 일본정원 답사를 시작하였는데, 3년 전부터 일본정원을 우리나라에 소개하고 싶어 본격적으로 답사에 나섰다. 그간 답사한 정원 130개소를 분류하여 교토권, 토쿄권, 전국권으로 나누어 고유번호를 부여하였다. 다시 심사숙고하여 29개 정원을 제외하고 101개소 정원을 대상으로 하였다.

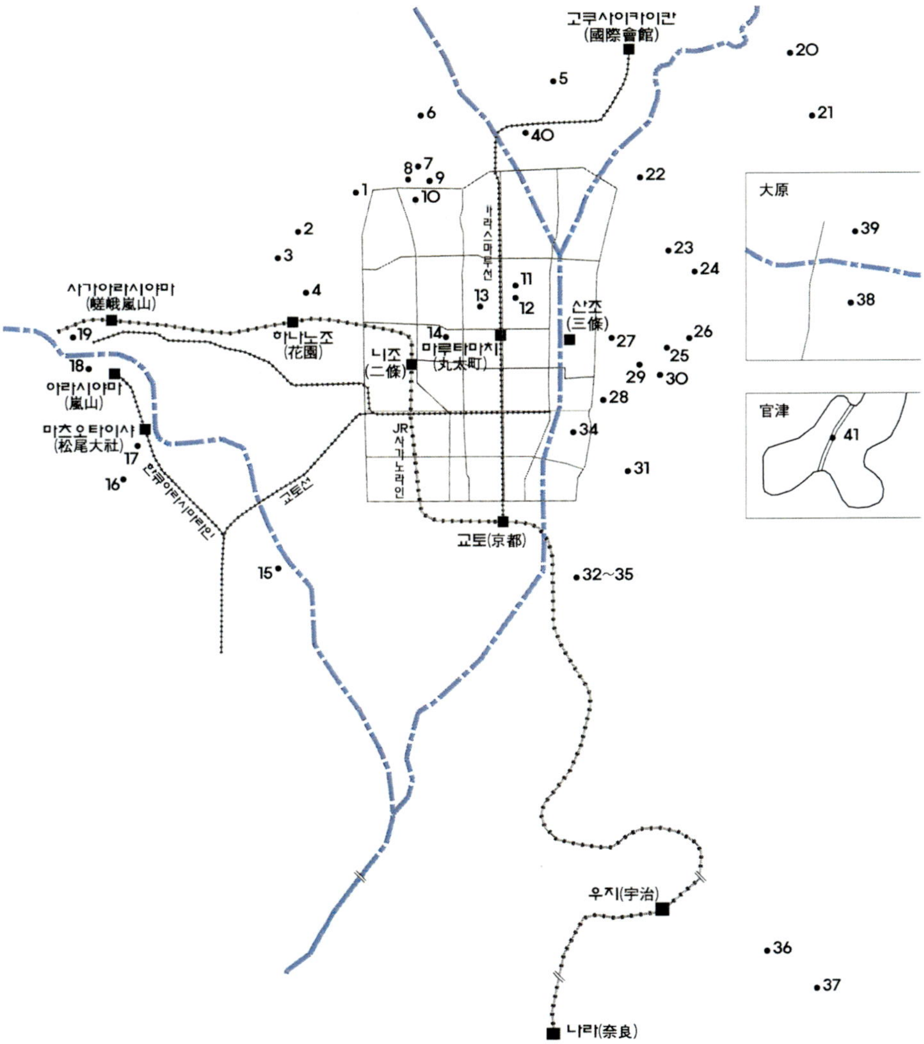

일본정원위치도(교토권)

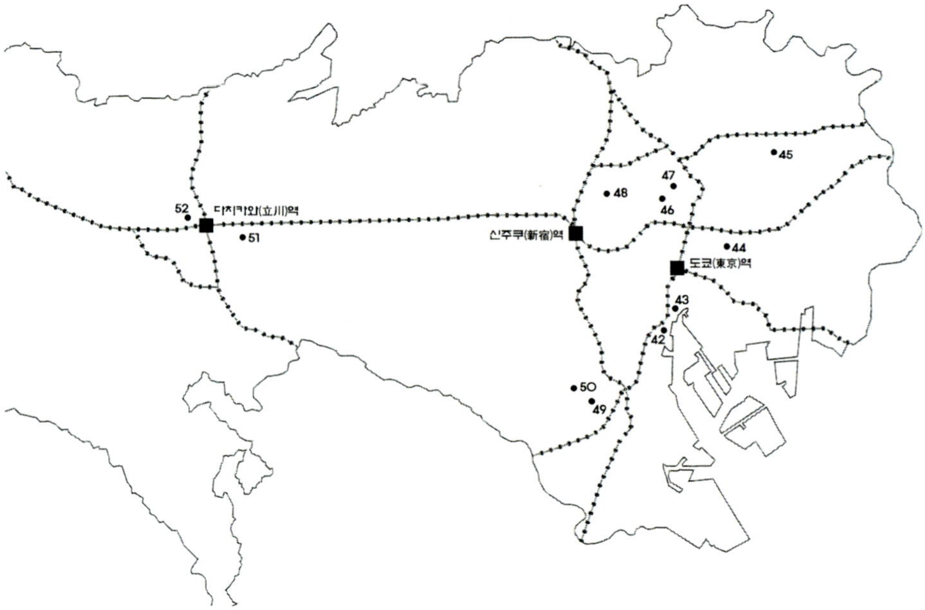

일본정원위치도(토쿄권)

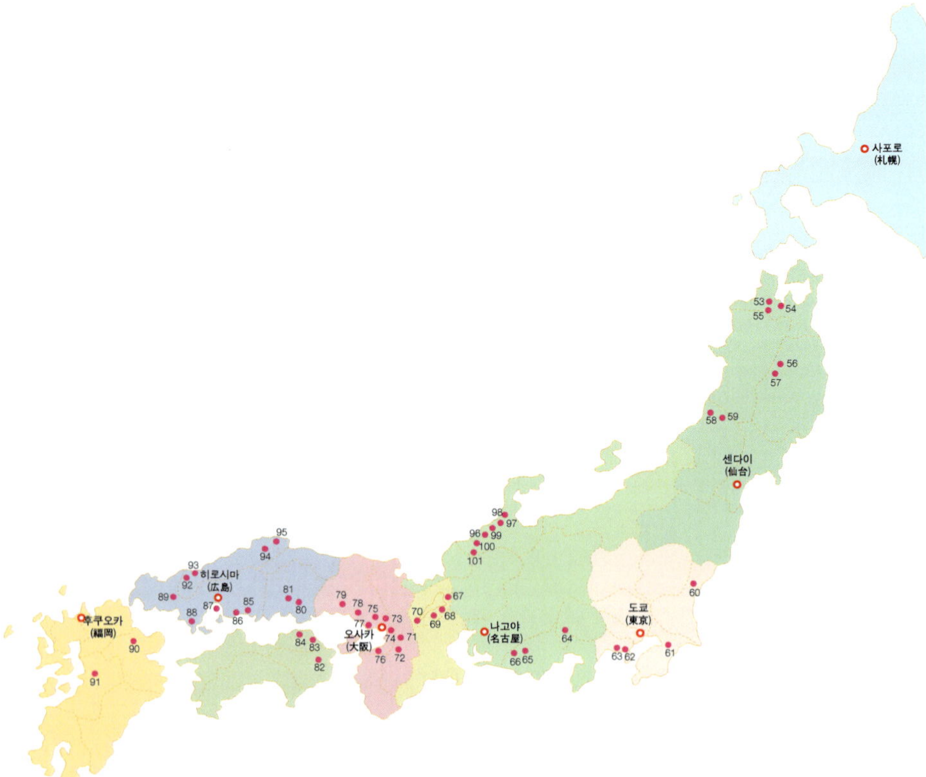

일본정원위치도(전국권)

정원 101개소를 어떻게 분류할지에 고민하느라 시간이 많이 소요되었다. 일본에서 통상적으로 분류하는 방법을 떠나 외국인인 우리에게 흥미를 줄 수 있는 방법을 시도하였다. 일본정원 방문이 아무래도 제한적인 우리에게 맞는 방법은 잘 알려진 정원에 유리한 방법을 택하였지만 일본정통방법은 아닐 것이다.

분류방법은 첫째, 일본정원 역사를 구현한 정원(2개소), 둘째, 유네스코UNESCO세계문화유산에 등록된 정원(11개소), 셋째, 유명한 치센회유식 정원(23개소), 이 항목에는 소항목으로 (1) 쿄토 궁중정원 (2) 일본 3대 정원 (3) 토쿄도립공원 중 유명 정원 (4) 지방영주 작정 정원 (5) 현대 작정된 정원으로 나누었다. 넷째, 죽기 전에 보아야할 세계정원 중 1001개소에 선정된 일본 국내 정원(6개소), 다섯째, 미국내에 조직된 일본정원학회에서 추천된 상위 랭킹 정원(15개소), 여섯째, 유적정원(3개소)으로 나누었다.

이미 알려진 작정자에 의해 나누기도 하였다. 일곱째, 무소소세키夢窓疎石작정 정원(1개소), 여덟째, 코보리엔슈小掘遠州작정 정원(5개소), 아홉째, 셋슈雪舟작성 성원(5개소), 열째, 시게모리미레이重森三玲작정 정원(6개소)으로 분류하였다. 열한번째로는 앞 분류항목에서 제외된 정원 중 정부로부터 명승名勝으로 지정된 정원과 이에 버금가는 정원(17개소)으로 나누었다. 그리고 기타 5개소는 정원은 아니지만 경관이 우수한 수림 항목을 열두번째번으로 하였다.

사진마다 촬영일자를 넣은 것은 정원별로 시기별 경관 분위기를 암시하며, 좋은 시기에 답사할 것을 이야기하고 있는 것이다. 아울러 필자가 직접 촬영하였음을 증명하기도 한다.

1. 정원역사구현 정원

1) 오사카大板꽃박람회기념공원 일본정원花博記念公園 日本庭園

1972년 오사카 츠르미鶴見녹지지역에서 국제원예박람회를 개최하였다. 츠르미지역은 오사카시청에서 시경계 동쪽에 위치한다. 당시에 두루미가 서식할 정도로 청정했던 모양이다. 꽃박람회장 중 남동쪽 동산에 각국 정원 특징을 나타내는 국가별 정원을 조영하였다. 박람회가 끝난 후 국가별로 상징되는 조영물만 남기고, 나머지는 철거 후 표석을 세웠다. 우리나라 정원은 정자, 방지 등을 조영하였는데 그대로 남아 있다. 일본정원도 조영당시 모습이 그대로 유지되고 있었다.

현장 해설판에 의하면 일본정원은 당시 일본조원관계공식법인(59단체)이 박람회를 지원하기 위해 공동 작정한 것이다. 일본인 섬세한 감성과 전통적인 조원기법을 표현하였다고 한다. 자연풍경을 축소하여 정원에 표현하는 축경縮景수법을 적용한 것이다. 칸사이關西지방 삼나무림 등 인공림을 모티브로 삼림경관을 나타냈고, 물이 실개울에서 점점 커져 종내는 바다인 세토나이카이瀨戸內海로 흘러드는 경관을 조영하였다. 물은 삼림과 바다를 연결하고 도중에 여울과 폭포로 다채로운 경관을 연출한다는 것이다.

본 일본정원은 일본자연 즉, 원시림–인공림–개울–강–바다에 이르는 경관을 축소해서 나타냈다는 것으로 일본정원 축경수법을 잘 나타낸 정원이다.

일본정원 입구. 계류상류는 울창한 숲에서 출발한다(08.02.11)

일본정원 조성경위 해설판(05.03.31)

일본정원 계류 출발점. 폭포를 상징적으로 보여줌(05.03.31)

소계류가 여울과 폭포를 지나고있다(08.02.11)

물은 마을 가까운 인공림지역을 통과하고 있다 (08.02.11)

인공림계곡을 지난 계류는 큰 하천을 형성한다(08.02.11)

대하천 물은 흘러 바다에 이른다(08.02.11)

주택정원. 사람이 조성한 자연의 축소판(05.03.31)

2) 오사카大阪만국박람회기념공원 일본정원万博記念公園 日本庭園

1970년 일본만국박람회 개최시기에 일본을 방문한 세계인들에게 일본정원 조성기술을 보여주고, 아울러 근대건축 미래와 대비하여 자연, 녹지 휴게공간을 제공하는 공간이란다.

일본정원 넓이는 26ha, 동서 1,300m, 남북 200m로 물이 네시대를 엮어내는 구조로, 만박 테마〈인류 진보와 조화〉에 맞추어 시간 변화를 표현하였다 한다. 정원 서쪽끝부터 상대정원上代庭園; 헤이안 시대로 8~12 세기, 중세정원中世庭園;

카마쿠라, 무로마치시대로 12~16 세기, 근세정원近世庭園; 에도시대 17~19 세기, 현대정원現代庭園; 메이지시대~20 세기으로 나누어 시대별로 정원을 조성하고 계류가 구슬을 꿰듯 서에서 동으로 흐르고 있었다.

리플렛에 시대별 정원 특징과 정원 조성배경, 정원요소에 대하여 설명하고 있다. 근세정원에도시대은 치센회유식池泉回遊式정원으로 치센 1,100㎡ 넓이를 심자지心字池로 조영하였고, 잔디로 덮혀 있는 축산築山을 조성하였다. 축산에 다양한 정원요소를 도입하였고, 철쭉류 식재지가 인상적이다. 철쭉은 축산 언덕에 길이 500m 정도 원로 좌우에 17품종 7,000주를 심었다 한다. 철쭉 언덕 휴게소는 1992년에 조성된 현대풍 건물이다. 이 건물은 바람, 소리, 빛, 꽃 등을 감상할 수 있는 훌륭한 장소다. 현대정원은 1940년대 추상예술을 정원에 도입하였다는데 시게모리重森三玲; 1896~1975작품을 응용한 것이다.

넓은 대지에 일본정원 시대별로 작정 특성에 따라 네 시기별로 정원을 조영한 것이 이채롭다. 보통 일반 정원은 작정시대 특성만을 관찰할 수 있으나, 여기서는 일본정원을 시기별로 볼 수 있다는 것이 매력적이다. 일본정원을 처음 대하는 사람들이 초기에 관람해야할 정원이다. 다만 오사카시 경계를 넘어 오사카후大阪府북쪽에 위치하기에 접근에는 정성을 기울려야 한다.

일본정원 안내도. 현재지는 근세정원, 왼쪽으로 중세정원, 상대(上代)정원, 오른쪽 현대정원(15.04.20)

일본정원 입구(15.04.20)

2000년도 모습. 녹지조성한지 25년이 지남(05.04.20)

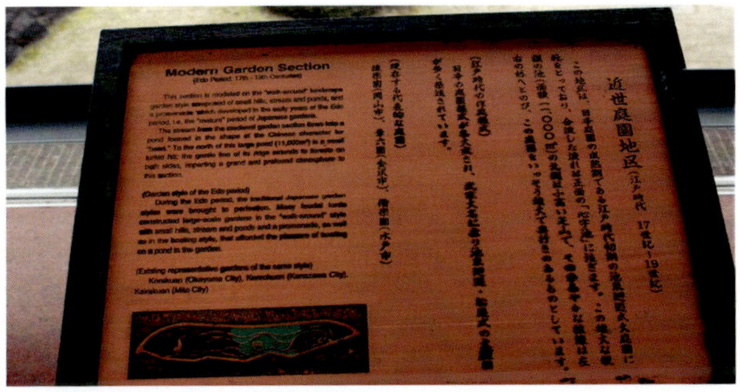

근세정원 해설판. 치센면적 11,000m²이고, 심자(心字)치센임(05.04.01)

근세시대 치센 거북섬(15.04.20)

일본정원 모형도(05.04.01)

근세시대 치센 거북선과 석등. 뒷산은 축산임(15.04.20)

정원에 심겨진 명목인 해송(05.04.01)

중세시대 카레산스이식(枯山水式)정원(05.04.02)

상대(上代)시대 정원 돌배치(05.04.02)

용문폭포. 잉어가 뛰어 오를 기세다(05.04.02)

현대정원. 기하학적으로 돌이 배치된 추상적인 정원(15.04.02)

활짝 개화된 철쭉류(15.04.02)

맹종죽과 죽순(15.04.02)

2. 유네스코(UNESCO)세계문화 유산등록 정원

1) 쿄토京都사이호지西芳寺정원

일본에 남아 있는 정원 중 가장 오래된 것이며, 1339~1341년 사찰 재건축을 무소소세키夢窓疎石국사가 맡아 진행하면서 정원조영에도 깊이 관여하였다 한다. 이 정원 중 상부정원 돌배치가 전기식 카레산스이식前期式 枯山水정원으로 가장 오래된 정원이라고 한다. 그러나 엔잔塩山에린지惠林寺정원을 방문하면 이곳 정원을 무소대사가 1330년에 조영하고, 10년 후에 사이호지, 텐류지 정원을 조영하였다고 되어 있어 눈여겨 볼 대목이다.

사이호지 정원면적은 18,211㎡ 로서 넓으며, 정원은 상, 하로 나뉘어 있다. 상부는 카레산스이식 초기정원이며, 돌배치로 마른폭포枯瀧를 조성하고 여기서 물이 흘러 하부 치센池泉으로 흘러드는 것을 상징화 하였다. 그러나 실제로는 물이 흐르지 않으므로 상징적인 내용을 잘 연상하여 물이 흐른다고 생각을 해야 카레산스이 정원을 감상하는 보람이 있겠다.

오닌난으로 1469년에 파괴되어 17세기에 재건축 되었다 한다. 하부정원에는 120여종 이끼가 정원을 덮고 있으며 삼나무만 심고 하부에는 다른 나무를 심지 않아 확트인 경관을 볼 수가 있다. 상, 하부정원은 작은 문이 나누고, 하부정원은 치센을 중심으로 회유하게 되어 있다. 상부정원은 선禪정원 작정수법이 시작된 곳이고, 추상적인 기법이 이후 다른 정원에 직접 영향을 미쳤다 한다. 이끼정원苔庭園; 코케데라으로 불리워 7월 장마철 답사가 좋다고 추천한다.

치센안의 섬(11.02.25)

삼나무 뿌리목을 덮고 있는 융단같은 이끼(11.02.25)

그러나 사이호지는 임제종사찰이지만 관람이 상당히 까다롭다. 일본에 사는 지인을 통해 예약을 하고 회신엽서를 통해 예약여부가 결정된다. 입장료는 상당하며, 입장을 하면 우선 법당에 들어가 약 30분간 불교종교 행사에 참석하고 남은 30분 동안 정원을 탐방할 수 있다. 역사적으로 매우 의미있는 정원이지만 관람절차가 만만하지 않다. 1994년 유네스코 세계문화유산에 등록되었다.

치센으로 흐르는 곡선의 야리미즈(遺水) (11.02.25)

지표면을 덮고 있는 다양한 이끼류(11.02.25)

섬과 연결된 다리(11.02.25)

상부와 하부정원을 나누고 있는 작은 문(11.02.25)

상부정원 전기 카레산스이(枯山水式)정원. 마른 계류를 표현(11.02.25)

계류를 형상화한 상부정원 돌배치(11.02.25)

상부정원에서 거북을 형상화함. 오른쪽에 거북머리가 보임(11.02.25)

맹종죽과 왕대가 섞여 있음(11.02.25)

2) 쿄토 텐류지天龍寺정원

텐류지는 1339년 무소夢窓국사가 창건하였다 하니, 사이호지와 동일 연도에 양쪽 사찰 조영에 관여한 것이다. 무소국사는 방장 서쪽 소겐지曹源池건너 정면에 3단 카레산스이 돌배치를 하는데, 여기에 용문폭포龍門瀑, 삼존석三尊石, 좌; 문수보살, 중앙; 석가여래, 우; 보현보살을 돌다리 뒤에, 돌다리 앞 물에 학도鶴島인 동시에 봉래도蓬萊島를 설치하였다.

하부에 무소대사는 소겐지를 중심으로 치센회유식 정원을 조영하였다. 방장 마루쪽에서 바라보면 한번에 정원이 눈에 들어온다. 방장쪽으로 데시마出島와 작은 아리소荒磯까시 함께 조영하였다. 텐류지 정원은 소겐지가 중심이다.

텐류지 문을 들어서면 방장건물이 위용을 자랑하며 남쪽을 향한다. 방장 남쪽에는 넓은 모래밭 카레산스이 정원이 조영되었다. 고목 소나무들이 삼면을 에워싸고 있다. 소나무들은 솔잎을 뽑아 주는 등 관리로 아름다운 몸매를 자랑하고 있었다. 이 모래밭에서 1619년 사원법개정전인 14~15세기에는 각종 불교행사가 열렸었지만, 방장건물이 커지자 행사가 실내로 옮겨지고 빈 모래밭으로 남게 된다. 현재까지 경물을 세우지 않고 거목 소나무들만이 자라는 담백한 공간이다.

방장내에는 용그림龍雲図이 있고, 툇마루에서 남, 서 정원을 감상할 수 있으며 아울러 소겐지 후면 먼산 아라시야마嵐山경관을 차경으로 볼 수 있다. 소겐지를 지나 더 오르면 수류화개水流花蓋무릉도원이 전개된다. 필자는 2005년 4월 8일에 방문하였을 때 능수벚나무, 목련, 진달래 등 꽃대궐 경관을 맛 보았다. 조금 더 걸으면 후문 매표소에 도달되는데, 2010년까지는 나갔다 들어올 수 있었는데, 이제는 나가면 새로 매표를 해야한다. 후문인근에서 시작되는 외부 산책로 맹종죽림 경관은 천하제일이다. 갈등되는 후문 출입이다.

후문에서 내려갈 때는 올라왔던 길이 아닌 오른쪽 소겐지 뒷길을 택하면 좋을 것이다. 이 지역은 단풍나무, 동백나무, 죽단화 등이 많이 심겨 있어 봄 이끼, 가을 단풍, 겨울 동백나무와 죽단화 꽃을 마음껏 감상할 수 있다. 텐류지 이끼도 사이호지에 버금간다. 봄과 가을에는 인산인해이다. 텐류지 정원 면적은 0.4 ha 이고, 전기식 카레산스이 정원은 사이호지와 쌍벽을 이룬다고 한다.

방장(方丈)남쪽 카레산스이정원. 노송이 걸물이다 (14.02.20)

카레산스이정원 서쪽 미송(美松)(14.11.27)

이끼명패. 한글까지 보인다(14.02.20)

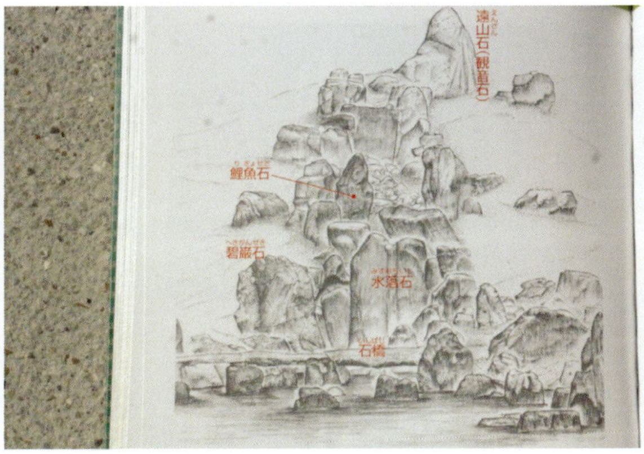

무소(夢窓)대사가 조영했다는 전기식 카레산스이식 정원. 삼단 돌쌓기로 돌다리는 일본 최고(最古)라함(14.02.20)

소겐지(曹源池)건너의 카레산스이 정원. 잉어석, 삼존석, 돌다리. 학섬(봉래도)등이 보임(14.02.20)

방장 서쪽 치센 데시마(出島). 치센감상식(14.02.20)

정원 후문 산쪽 맹종죽림(14.02.20)

정원 지피식물 이끼류(14.02.20)

능수벚나무 가지사이로 건물이 아른거린다(14.02.20)

텐류지정원의 차경(借景)대상인 아라시야마(풍山)(05.04.07)

능수벚나무의 꽃이 활짝 피었다(05.04.08)

다양한 이끼로 옷을 입은 벚나무 줄기(05.04.07)

후문밖 맹종죽림은 엄청난 관광객이 찾는다(14.11.27)

이끼옷을 걸친 사자바위(16.03.27)

후문밖 맹종죽림은 엄청난 관광객이 찾는다(14.11.27)

3) 쿄토 킨카쿠지金閣寺정원

무로마치室町; 1332~1583시대 대표적인 치센회유식 정원이다. 1377년 쇼군 별장이던 곳을 무소夢窓국사가 사찰로 개축하여 로쿠온지鹿苑寺라는 명칭을 붙였으나, 금을 입힌 금각이 유명해져 킨카쿠지金閣寺로 부르게 된 것이다. 여러번 크고 작은 화재가 있었으나, 최근 큰 화재는 1950년 킨카쿠지 소속 젊은 중이

방화하여 소실된 것을 1955년 재건하고 1987년 새롭게 금박을 입혔다고 한다.

전체 부지는 23만m²이고, 정원 면적은 4만5천m²라고 한다. 치센은 상, 하부로 둘로 나뉘어져 있다. 하부 치센은 금각을 중심으로 극락정토를 표현하는 방법으로 5개 학섬과 3개 거북섬이 조영되어 있다. 금각 2, 3층이 금박으로 입혀져 있고 3층에 부처님 사리가 봉안되어 있으며 지붕위에 봉황새가 내려다 보고 있다.

상부 치센에는 섬이 위치하는데, 이곳에 세워진 탑을 백사무덤白蛇の塚이라 하며 백사는 예능 복을 주는 신이라고 한다. 상부와 하부 치센 연결은 차정多佳亭이 한다고 한다. 본 차정에서 상, 하부 치센이 보이기 때문인 것 같다. 하부 치센에서 상부 치센으로 오르는 원로에 무소대사가 조영했다는 용문폭포龍門瀑을 가까이에서 볼 수 있다. 잉어가 곧 뛰어 오를 기세다. 이 폭포에는 잉어석이 두 점 조영되어 있다. 킨카쿠지는 사이호지의 건축물, 물길, 샘, 폭포 등에서 영향을 많이 받았다고 한다.

방장 북, 서쪽은 카레산스이 정원인데 원로에서 잘 보이지 않는다. 정문에서 입장할 때 금각이 보이는 장소에서 방장쪽을 바라보면 넓은 모래밭이 보인다. 방장 북쪽에 섬잣나무가 배모양陸舟の松을 하고 있는데 분재로 키우던 나무를 땅에 이식한 것이라고 하며 수령은 600년정도라 한다. 서 있는 나무줄기는 흉고직경 50cm, 수고 5m, 땅에서 자라는 줄기는 흉고직경 30cm, 가지길이 10m에 이른다. 입구에 구실잣밤나무 노거수흉고직경 1.5m, 수고 15m줄기도 볼만하다.

킨카쿠지 안내도(14.02.19)

방장앞 카레산스이시 정원과 배모양 섬잣나무. 키 5m, 밑가지 길이 10m(14.02.19)

하부 치센내 여러 섬들이 떠 있음(14.02.10)

왼쪽 학섬, 오른쪽 거북섬(14.02.19)

상부치센섬내 백사무덤탑(14.02.19)

치센에 떠 있는 것 같은 금각(金閣)(14.11.28)

금각 2,3층은 금으로 입혀 킨카쿠지(金閣寺)기 되었다 (14.11.28)

옛날 차끓이는 물을 떴넌 웃물(14.11.28)

용문폭포(龍門瀑). 잉어석이 두드러짐(14.11.28)

킨카쿠지형 대나무 울타리(14.11.28)

금각지붕위 봉황새 형상이 보임(14.11.28)

단풍나무가 만추임을 알려준다(14.11.28)

4) 쿄토 긴카쿠지銀閣寺정원

긴카쿠지銀閣寺는 킨카쿠지金閣寺건축가 손자인 요시마사1435~1490가 1482~1492년에 걸쳐 건축물을 완성하고 정원도 조영하였다. 계속적인 화재로 피해를 입었으며 1629년에 재건되었다. 본 정원은 사이호지 정원조영 기술을 기본으로 하고, 킨카쿠지를 모델로 건축했다고 한다

정원은 달과 관련이 많아 치센 가운데 달을 상징하는 암석을 배치하고, 치센도 달을 씻는다는 이름洗月泉을 붙였다. 향월대向月臺와 은사탄銀沙灘에서 반사된 달빛이 은각에서 다시 반사되도록 계획을 하였지만 은각에 은까지는 입히

지 못하였다. 은사탄과 향월대는 치센 모래를 펴내어 조영하였다 하며, 기하학적 모습은 일설에 의하면 크리스도교 선교사들에 의해 전해진 서양 정형적인 수법을 응용한 것으로 추측된다고 한다. 은사탄 높이는 0.6m, 향월대 높이는 1.8m 로서 모습이 후지산이란다

정원 전체는 2단으로 나뉘어 있으며, 하단부는 치센池泉정원, 상단부는 카레산스이枯山水식 배치를 한 것으로 알려져 있다.

안내도. 향월대, 은사탄, 은각이 중심(14.02.17)

긴카쿠지 입구. 강전정 수벽, 대나무 울타리, 석축이 인상적이다(14.02.17)

모래로 쌓은 후지산모양이 향월대(向月台)(14.02.17)

은시탄(銀沙灘). 공이 침 많이 들었다(14.02.17)

긴카쿠지형 돌수각(14.02.17)

용문폭포(龍門瀑). 잉어가 뛰어 오를 기세다(14.02.17)

동산에서 내려다 본 긴카쿠지 모습(14.02.17)

은각지붕은 화백줄기를 길이 30cm, 두께 3cm 크기의 나무이엉으로 만듬(14.02.17)

보름에 은사탄에 비친 달빛이 반사되어 은각에 비추도록 은박을 입히려 했음(14.02.17)

긴카쿠지에 자생하는 이끼분류 표본(05.04.06)

처녀치마꽃(05.04.06)

동백꽃 낙화. 이끼를 위해 다른 식물을 솎아내고 있음(05.04.06)

가을 은각 주변 수목들 경관(14.11.29)

어우러진 단풍 모습(14.11.29)

5) 쿄토 료안지龍安寺정원(2)

료안지 문을 들어 서면 넓은 치센이 눈에 들어온다. 료안지 전체 면적은 50만㎡에 이른다고 한다. 치센을 중심으로 치센회유식 정원과 건물 내부에 석정石庭이라 불리우는 후기식 카레산스이 정원이 조영되어 있다. 석정은 동서 25 m, 남북 10m로서 관상식으로 조영되어 있는데, 무로마치말기1500년 경에 선승들에 의해 조영된 것으로 전해 오고 있다. 면적이 336.6㎡이라 한다. 1975년 영국 엘리자베스 여왕이 방문하여 본 정원을 극찬하여 유명해졌으며, 현재는 해외 일본정원 가이드북 표지로 사용한다고 한다.

석정은 돌, 모래, 이끼로 구성된 정원으로 5개조 돌무리이며 모두 15개 돌로 구성되어 있고, 모든 돌은 하나를 제외하고 왼쪽에서 오른쪽을 향하고 있다. 돌배치에 대해 여러 설화가 있다. ① 어미 호랑이가 새끼를 이끌고 강을 건너는 모습 ② 구름이 감싸고 있는 산정 모습 ③ 바다위에 떠있는 섬들 ④ 7, 5, 3 배치석 ⑤ 부채꼴 배석 등 설이 알려져 있다. 정원은 단순하며 나무와 풀을 생략하고 높은 추상성이 반영된 선禪예술이라고 한다.

석정 조성에 서구수법이 응용되어 황금분할법1: 1,618 황금비율, 원근법 등이 활용되었다 한다. 방장에서 보면 모래밭이 남에서 북, 동에서 서로, 작은 경사를 주어 원근수법이 적용되었다 하며, 담은 동서 양측 모두 북에서 남으로 경사지게 조성하였다고 알려진다.

방장에서 마주 보이는 담장은 조영시 유채기름을 섞어 반죽한 진흙으로 조성하여 비가 오는 날에는 기름이 배어나와 특이한 모습을 보여주고 있다. 18세기 후반 판화에 의하면 담밖에 소나무 15주가 서 있어 차경역활을 했으나 오늘날에는 소나무는 한 주도 없고 활엽수로 바뀌었다.

밖의 대치센은 12세기 말에 조영된 것으로 알려져 있다. 치센 쿄요치鏡容池 물은 남쪽 바위에서 솟아 난다고 한다. 치센회유식 정원 원로를 따라가다 보면 단풍이 황홀하였고(14.11.28), 이끼가 아름다웠다. 아울러 줄기를 전정하여 맹아가 자라난 삼나무들도 볼거리이었다.

치센회유식(하단)과 카레산스이시식(석정) 정원으로 나뉨(11.02.25)

치센 뒷쪽에 삼나무림과 상록활엽수림으로 구성(14.02.19)

카레산스이 정원 모형도(14.11.28)

5군 15개 돌배치와 흰모래로 조영된 카레산스이(枯山水) 정원(14.02.19)

동쪽의 큰 돌(14.11.28)

서쪽의 두 그룹 돌(11.02.25)

서양조경수법 영향을 받아 원근법을 적용하였다 힘 (14.02.19)

낮은 담장밖 소나무들을 그린 옛그림(14.02.19)

담은 진흙에 유채기름을 섞어 얼룩무늬가 있고, 담장밖은 소나무대신 활엽수만 자라고 있음(14.11.28)

방장 삼단문으로 원근법이 잘 적용 됨(14.02.19)

돌수각. 가운데 구(口)를 중심으로 하여 吾唯足知(욕심 부리말고 현재에 만족하라)라는 글귀가 완성됨(11.02.25)

단풍나무의 모습이 아름답다(14.11.28)

6) 쿄토 닌나지仁和寺정원 (3)

절 입구 거대한 니오몬二王門을 지나 매표를 하면 신덴寢殿; 옛날 왕이 사용하던 방으로 향한다. 낭하를 따라 신덴 남쪽 남정南庭에 도달한다. 카레산스이 정원으로 사원법 이전에는 불교 야외행사에 사용했을 넓은 모래밭이다. 횡으로 7렬정도 고무래로 긁어 놓은 흔적이 있고, 신덴 양 옆에 귤나무와 벚나무 한 주씩 이외는 아무 정원 경물이 없다. 정원 왼쪽 호화로운 문은 옛날 왕과 귀족이 출입했다는 문이다.

낭하를 따라 신덴 뒤로 가면 북정北庭이 나타난다. 북정은 침전조계寢殿造系

정원이라 한다. 건물 가까이는 카레산스이, 뒤로는 치센이 조영되어 있다. 데시마出島자체를 거북섬으로 조영하여 왼쪽 거북머리, 등에는 소나무를 심은 거북섬이다. 신덴을 나와 5 층탑으로 걸어 나가면 기둥이 분홍색인 중문中門을 지나며, 왼쪽에 명승名勝으로 1924년에 지정한 오무로사쿠라御室櫻림을 볼 수 있다. 200여주로 에도 초기에 현 장소로 옮겨 심었으며 키가 낮고 뿌리목에서 5~6개 가지가 자라고 있었다. 평균 흉고직경은 8~15cm, 수고 3m 이며, 꽃은 다른 벚꽃들보다 늦게 붉게 핀다.

오른쪽 오층탑은 1644년에 건립했다 하며 현장 해설판에 의하면 높이 36.18m 이고 각층 높이 차이가 없는 목조탑이라는데 층별 배런스가 맞지 않는 것처럼 느껴진다. 닌나지는 서기 888년에 건립되었다고 한다.

닌나지 정문이 이층으로 거대함(14.02.19)

신덴(宸殿) 남북에 각각 남정원, 북정원이 위치함(14.02.19)

신덴입구 소나무. 왼쪽 소나무는 6개 가지가 지표면에서 자라고 있다(14.02.19)

신덴 내부의 노송그림(14.02.19)

남정원 카레산스이 정원. 모래밭무늬가 독특함. 오른쪽 귤나무, 왼쪽 벚나무(14.02.19)

남정원에 심겨 있는 귤나무(14.02.19)

북정원 카레산스이 정원으로 감상식(14.02.19)

북정원에서 바라본 5층탑과 중문 분홍색 기둥(14.02.19)

명승으로 지정된 오무로사쿠라(御室桜)(14.92.19)

꽃이 활짝 핀 산다화(14.02.19)

오무로사쿠라는 맹아가 잘 자라는 것이 특징임 (14.02.19)

오무로사쿠라는 개화가 늦음. 쿄토에서 보통 벚나무는 3월 하순 개화(05.04.08)

7) 쿄토 다이호쿠지 다이센인大德寺 大仙院

방장 북쪽에 무로마치시대 카레산스이 정원이 위치하는데, 걸작으로 알려져 있으며 원근법을 이용하였고 수묵화 한 폭을 감상하는 기분이다. 노목 동백나무 곁에 큰 바위 둘을 세워 사이에서 폭포가 쏟아져 내리고 폭포를 거슬러 오르려는 잉어석이 배치되었다. 돌다리 입구에 거북섬, 끝에 학섬을 배치하였고, 돌다리를 건너면 귀 먹을 정도로 폭포소리가 들리는 듯하고, 심산유곡 경관이 펼쳐진다. 폭포를 흘러나온 물길은 두 줄기로 나뉘어 한 줄기는 돌다리를 지나 동쪽으로 빠지고, 한 줄기는 북쪽으로 흐른다.

방장은 1326년에 완성되었으나 오닌난 화재이후 1510년에 재건되었고 정원도 이때 작정된 것으로 추측되고 있다. 정원면적은 34평이고 동쪽으로 흐르는 물은 보물선을 이끌고 나간다. 북쪽으로 흘러 나가는 물은 바위산들 사이로 굽이굽이 흘러 나간다. 작은 정원이지만 대우주를 품었다고 한다. 세계문화유산으로 등록된 후로 사진 촬영이 금지된 정원이다. 이곳 몇 사진은 촬영금지 이전인 2003년 1월 10일에 찍은 것이다. 정원 입장에 신중해야 한다. 건축물 명칭에 다이센인大仙院처럼~인院이 붙는 것은 왕실과 관계있음을 나타내는 것이다.

사진 촬영이 엄격하게 금지된 세계문화유산등록 사찰이 또 하나 있다. 쿄토 남쪽에 위치한 다이고지醍醐寺정원으로 거북섬과 학섬 모양이 뚜렷한 잘 가다듬은 정원이다. 그러나 감상식으로 미루에서 감상만 할 수 있을 뿐, 좌우에 사진촬영을 감시하는 두사람이 주시하고 있어 정말 안타까웠다. 카메라 자체를 꺼내 들고 다닐 수가 없다. 다이고지는 벚나무가 유명한데 이곳 촬영은 가능하다.

다이센인에 이르는 참배도. 거목의 소나무들(11.02.24)

다이센인 정문. 세계문화유산등록후 내부 사진촬영 엄격 금지됨(11.02.24)

규제가 없었던 2003년정원 모습. 방장동북쪽 위치하며, 34평으로 거석 둘 사이에 폭포와 잉어석, 돌다리(03.01.10)

보물선이 대해에 떠있음(03.01.10)

방장 북쪽으로 물이 거암괴석사이를 흐른다(03.01.10)

방장 남쪽의 카레산스이 정원(03.01.10)

8) 쿄토 니조성니노마루二條城二の丸정원(14)

니조성은 토쿠가와이에야스德川家成가 정권을 잡고서 1601년에 인근 영주들을 동원해 축성한 것으로 알려진다. 성내 총 면적은 27만 5천㎡이고 건물내부는 사진 촬영이 금지되어 있다. 건물 내부마루는 걸을 때마다 새울음소리가 나는데 옛날 자객 침입을 예방하기 위한 방법이라 한다. 실내 그림도 볼만 하다. 성내에는 교목 15,800주가 자라고 있으며 47과 142종류가 심겨 있다고 한다.

정원은 세 곳으로 나뉘어 있으며, 초입에 니노마루二の丸정원 15,800㎡, 해자로 둘러 싸인 혼마루本丸정원 7,154㎡, 북쪽에 세이류엔清流園 16,500㎡로 구성되어 있다. 니노마루 정원은 1603년에 코보리엔슈小堀遠州가 작정한 것으로 알려진 서원조계書院造系정원이다. 큰 돌과 소나무 배치가 인상적이다. 치센에 봉래도蓬萊島를 조영하였으며 거북섬龜島과 학섬鶴島를 배치하고 돌다리로 연결하였다. 서원조계 정원이라 여러 건물에서 조망할 수 있게 북, 동, 남 세 방향이 정면이 되도록 조영하였다 한다. 일반인은 원로를 따라 가면서 한 면만 볼 수 있다.

세이류엔清流園은 치센회유식이나 일본 전통정원 수법과 서양수법(잔디 등)이 혼합되어 있다. 1965년에 조영되었는데 정원석 800개가 배치되었고, 이 중 전국 명석名石 300점이 포함되어 있다고 한다. 치센내에 거북섬이 조영되어 있다. 치센회유식이라 하나 일반인은 한 곳에서만 감상이 가능하고 차정을 예약 사용하는 그룹에만 정원회유가 가능한 것 같다. 니노마루 정원이나 세이류엔 탐방은 수박 겉 핥기 식이다.

니노마루 정원 입구 아름다운 소나무(14.11.27)

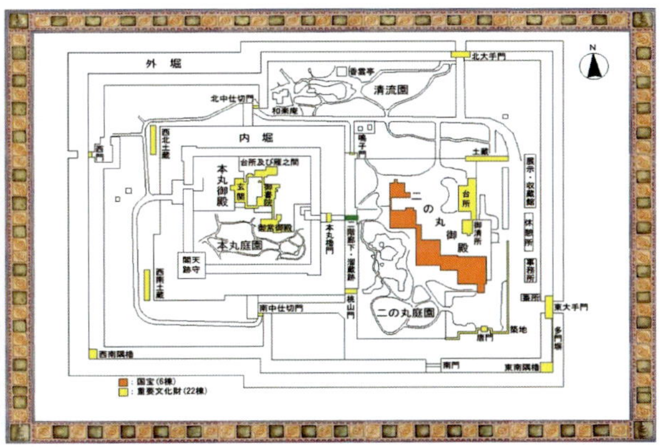

안내도 하단부 건물 북서쪽에 니노마루정원, 오른쪽에 치센회유식이 세이류엔(清流園)이다(11.02.26)

니노마루정원 전경. 동서로 길고, 거석, 돌다리, 소나무 등이 돋보인다(11.02.26)

니노마루 정원 한쪽 폭포(14.02.21)

봉래도. 입석(立石)과 소나무가 특색이다(14.11.27)

돌다리로 봉래도와 학섬이 연결된다(14.02.21)

니노마루정원내 석등(14.02.21)

소철이 두터운 겨울옷으로 짚코트를 입었다(11.02.26)

텐슈카쿠(天守閣)에서 바라본 혼마루(本丸)지역. 멀리 히에이잔(此叡山)이 보임(14.11.27)

혼마루정원 만개한 매화나무(11.02.26)

세이류엔인근 강아지 모양 돌(14.02.21)

세이류엔은 치센회유식 정원으로 일본전통 돌다리, 서양식인 잔디밭이 함께 조영(11.02.26)

세이류엔 거북섬(14.11.27)

니조성 밖 하천변 만개한 능수벚나무(05.04.08)

팝콘같이 꽃이 핀 야경 벚나무(05.04.08)

만추에 단풍든 갖가지 나무들(14.11.27)

9) 쿄토 뵤도인平等院정원

뵤도인은 행정구역상 쿄토후 우지시京都府 宇治市에 위치한다 1053년에 현재 봉황당鳳凰堂으로 불리우는 극락전이 건립되었고 극락정토 궁전을 표현하였다고 하여 정토식淨土式정원으로 분류된다. 경내면적은 약 2만㎡인데, 초기에는 14만㎡이었다고 한다 정원은 정토식 차경경관으로 주변에 쓰하마州浜와 다리 등이 정비되어 있다 치센주변에 5주 소나무흉고직경 50~60cm, 수고 5~8m가 서 있어 뵤도인 경관을 더 뛰어 나게 한다 치센표면에 붉은 건축물이 반사되어 공중에 떠있는 분위기이다.

봉황당 내부를 보기위해서는 건물우측 두 나무다리평교와 둥근 다리를 건너 들어가는데 오전은 11시에 가이드 인솔로 내부를 관람할 수 있으며 사진촬영은 금하고 있다. 내부에 모셔진 아미타여래상은 삼나무로 제작되었고 높이 3m에 달한다 이렇게 큰 나무가 없어 나누어 제작하여 실내에서 조립한 것으로 알려져 있다. 건물내부 기둥둘레가 3m이상된다. 내부에 목제 불상 52구는 모두 구름을 타고 악기를 연주하면서 춤을 추는 비천상으로 26구는 박물관에서 전시중이라 절반은 복제불상이라고 한다.

뵤도인 등 본항목에서 소개된 10개 지역은 1994년 유네스코세계문화유산에 등록되었으며, 그해 12월 15일 결정, 12월 17일에 등록되었다 한다 뵤도인 정원은 일본 대표적인 정토식 정원이며, 치센회유식이다

2백년 등나무 뿌리목과 줄기(15.09.30)

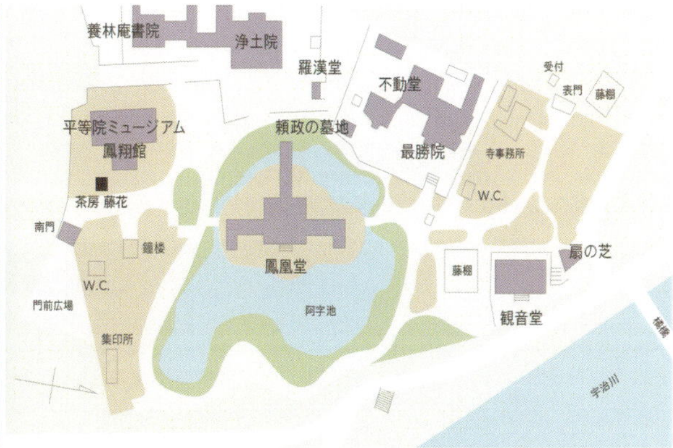

경내 안내도. 봉황당이 중심이며, 사면이 연결된 못 (15.09.30)

가운데가 봉황당, 양날개 건물로 약동하는 모습 (15.09.30)

봉황당 뒤쪽의 수공간. 쓰하마가 잘 조영되어 있다 (15.09.30)

못 주변 5주의 소나무(15.09.30)

봉황당 근접모습. 내부 아미타래상 앉은 키가 3m임 (15.09.30)

봉황당 지붕에 봉황 두마리가 날라와 있다(15.09.30)

봉황당과 소나무가 못속에서 마주하고 있다(15.09.30)

10) 히라이이즈미平泉 모츄지毛越寺정원

쿄토京都에서 북쪽으로 700km 이상 떨어진 지방에서 헤이안시대794~1192인 1117년에 모츄지가 건립되었다니 놀랄 일이다. 당시 건물이 40여채이었으나 1226년 전란으로 소실되고, 이후 1537년, 1597년에 또 다시 소실되어 현재는 그림상으로만 당시 크기를 짐작할 수 있다. 일본에서 「특별사적」, 「특별명승」으로 지정된 「특별」이 이중인 장소가 전국에 9개소밖에 없는데 모츄지가 포함되어 있다 유네스코 세계문화유산에도 등록되어 있다 .

국가특별사적, 특별명승지정(2011년)부지는 평지 7만㎡, 도우야마지역까지 15만㎡이다 가람은 소실되고 큰 치센인 오즈미가이케大泉ケ池가 8백년이상을 완전한 상태로 지켜온 것이다. 오이즈미大泉은 동서 180m, 남북 90m규모이며 작정당시는 현재 남문자리에서 오이즈미 중앙섬을 거쳐 금당에 이르는 다리 둘이 있었는데 길이만 50m에 이르렀다하나 현재는 흔적조차 찾아볼 수 없다.

오이즈미에는 일본에서 제일 긴 야리미츠遺水가 흘러든다. 1956년 발굴조사에서 북동쪽에서 못까지 70m 물길을 확인하여 근년에 복원하였다고 한다. 매년 5월에는 야리미츠에서 술잔을 흘려보내, 신라때 경주 포석정에서 행하였던 술잔놀이와 같은 연회를 갖는다고 책자에 소개되어 있다 .

오이즈미 남쪽에 아리소荒磯풍의 데시마出島가 조영되어 있다. 이 데시마 끝에 높이 2.5m정도 타테이시立石가 서 있으며 동일본대지진때 8도정도 기울러졌다는데, 데시마와 타데이시는 모츄지의 상징이 되어 있다. 쓰하마는 매우 부드럽게 조영되었으며 옥돌을 깔아 수위상승에 대비하고 있단다. 모츄지毛越寺정원은 정토식淨土式이고, 헤이안平安시대 후기에 조영된 치센회유식池泉回遊式이다.

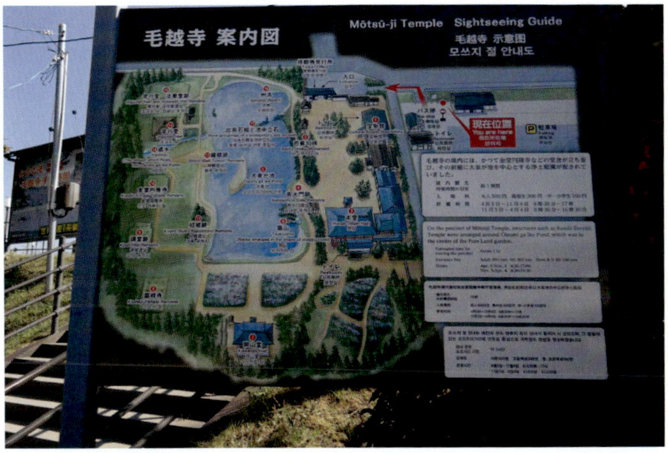

안내도. 남대문자리-섬-누각을 잇는 다리 소실. 누각자리쪽 에 불당이 있어 정토식 정원(15.10.21)

모츠지경내 노송들로 수고가 15m이상이 다(15.10.21)

복원예정도. 치센섬을 연결하는 계획으로 결국 정토식 정원 복원(15.10.21)

부드러운 수변 데시마(出島). 물가에 돌을 가지런하게 배치 함(15.10.21)

쓰키야마(築山)와 정박중인 나룻배(15.10.21)

쓰하마를 옥돌로 깔았다(15.10.21)

본당–섬–남문에 다리가 있었던 곳이다(15.10.21)

야리미츠(遣水) 쿄크스이(曲水) 상류(15.10.21)

야리미츠가 치센으로 합류하는 지점(15.10.21)

섬(中島)(15.10.21)

데시마가 물에 잠기지 않았을 때 모습(15.10.21)

물에 잠긴 데시마. 높이 4m 입석이 모츠지 상징이 되었음(15.10.21)

본전 뒷산인 도우야마와 치센 경관(15.10.21)

누각자리 옆 노송이 배웅한다(15.10.21)

11) 히로시마廣島 미야지마宮島

일본 3대 경승지 한 곳으로 1996년 12월 세계문화유산에 등록되었다. 섬에 신이 머문다는 전설이 있다. 미센弥山은 신사 뒷산으로 해발 535m이며 천연기념물로 지정되어 있다 정상을 오르기 위한 로프웨이가 설치되어 있어 한번만 갈아타면 쉽게 정상에 오를 수 있다. 정상에 오르면 국립공원으로 지정된 세토나이카이瀨戶內海아름다운 다도해多島海모습을 내려다 볼 수 있다.

미야지마경관 백미는 배를 타고 항구에 도달하기전 오도리大鳥居가 물에 잠긴 모습이다 만조때는 물에 떠있지만 간조 때는 갯벌에 서 있다. 1875년에 건립되었다 하며 총 높이가 16.59m 로서 일본에서 가장 큰 나무 오도리라고 한다. 오도리가 앞서고 신사 건물들이 기러기모양으로 뒤를 따른다 신사는 593년에 시작되었다고 하지만, 1168년에 현재 모습으로 지어졌다 하며 바다를 치센池泉으로 보아서 침전조계 양식이다.

미야지마 집단시설지구에 큰주걱大杓子이 전시되어 있다 세계에서 제일 큰 주걱이 라하며 270년생 느티나무로 만들어졌고 제작기간은 2년 10개월이 걸려 1983년 3월에 완성되 었단다 길이 7.7m, 최대폭 2.7m, 무게 2.5t에 이른다고 한다 미야지마 지역에는 사슴이 야생상태로 돌아다니면서 관광객에게 먹이를 청한다.

미센称山계곡부 단풍나무림은 유명하다 필자는 2007년 1월 29일 로프웨이로 미센을 오르면서 소나무림이 재선충피해로 절반이상 고시한 것을 보았다. 이후 9년 후인 2016년 2월 18일에 다시 올랐을 때는 소나무는 거의 다 죽고

고사목 줄기만 서 있었으며, 대체 수종으로 상록활엽수가 숲을 형성하고 있었다. 소나무림이 상록엽수림으로 생태적 천이生態的 遷移가 진행된 것이다. 우리나라 제주도에도 재선충피해로 해송, 소나무가 집단으로 고사하는데 농약으로 저지하겠다고 난리지만 자연현상을 농약으로 막을 수 있을까?

미야지마 안내도. 대형 도리와 신사가 합쳐 세계문화유산으로 등록됨. 일본 3대 경관(三大景)의 하나(16.02.08)

신사와 뒷산 미센(称山)모습. 미센정상을 로프웨이로 오를 수 있음(16.02.08)

대도리와 신사모형도(07.01.29)

조수 간만으로 하루에 두번은 물이 빠진다(07.01.29)

물이 차 있는 신사 전경(16.02.08)

만조시 큰도리 모습(07.01.29)

야간 큰도리 모습(07.01.29)

야간 신사 모습(07.01.29)

미야지마에는 사슴이 야외에서 생활하고 있다 (07.01.29)

세계에서 제일 큰 주걱. 길이7.7m, 최대 폭 2.7m, 무게 2.5t (16.02.08)

줄기가 8개로 갈라진 해송. 키가 15m임 (07.01.30)

물이 빠졌을 때 대도리와 신사(16.02.08)

2007년 미센 소나무는 재선충 피해로 큰 시련을 겪고 있었다(07.01.29)

2007년 죽은 소나무가 서 있었고, 상록활엽수가 대체수목으로 자라고 있었음(07.01.29)

2016년(9년후)에는 소나무는 다 죽고, 상록활엽수림이 되었음(16.02.18)

부분에 따라서는 완벽한 상록수림으로 변했다(16.02.18)

3. 유명한 치센회유식池泉回遊式정원

1) 교토 궁내정원

교토에는 일본 궁내청宮內廳에서 관리하는 정원이 4개소가 있다 교토코쇼京都御所내에 코쇼정원御苑과 센토코쇼정원仙洞御苑, 카츠라리큐桂離宮정원, 슈카쿠인리큐修學院離宮정원이다 이들 정원은 교토코쇼에 있는 궁내성예약관리사무소에서 예약을 해야 출입할 수 있다. 절반은 인터넷예약이다 매일 오전 10시부터 오후 4시까지 1시간대 별로 20명씩 예약을 받는데, 외국인을 위한 영어가이드 해설팀도 있다.

현장 가이드는 2명이 한 팀으로 1명은 가이드, 나머지 한사람은 가장 후미에서 여러 상황을 체크하기에 뒤쳐질 수가 없다. 입장료는 무료이며, 꼭 보아야 할 정원들로 봄, 가을성수기에는 예약을 미리 서둘러야 한다. 경우에 따라서는 두달전에도 예약이 안되는수도 있다.

(1) 카츠라리큐桂離宮정원

카츠라리큐 정원면적은 6만 9천 4백㎡이고, 치센은 1만 3천㎡로서 6개 다리로 연결되어 있다. 치센회유식 쓰기야마築山기법으로 5개 산이 조영되었다. 배 나루터가 조영된 것이 보이는데 정원옆 카츠라가와桂川 물을 치센으로 끌어들여 배 운행을 시도하였다고 한다. 1615~1624년에 걸쳐 왕족가문이 2대에 걸쳐 조영하였는데 일본정원 역사상 걸작이라고 알려져 있다. 세건물古書院, 中書院, 新書院배치가 기러기 나는 형태라 한다. 치센을 중심으로 석등, 징검돌, 돌수각, 소나무 등이 좁은 원로 주변에 배치되었다. 치센 쓰하마선州浜線이 유연하며 암석배치는 바다해변을 연상하게 한다 설계자가 크리스도교와 교류한 사람으로 추론되며 원근법, 황금분할법, 강한 전정수법 등이 서양정원수법 영향을 끼친 것이라고 이야기되고 있다 .왕실 측근 한 사람이 1634년 크리스챤이라는 이유로 처형당하자 7년 후 7점의 크리스찬석등 즉 오리배석등이 세워졌다는 이야기가 있다.

정원 안내도. 치센과 왼쪽 건물군이 서원조계 정원을 이룸(11.02.25)

왼쪽 대나무, 오른쪽 싸리나무로 조성한 울타리(14.02.20)

돌다리 네군데 굄돌 시공방법은 백제에서 전래되었다 함(14.02.20)

거북섬, 석등, 차정자(茶亭)(14.02.20)

오리배(織部)석등. 하부에 마리아상이 보인다(14.02.20

섬을 돌다리로 연결. 소나무가 자라는 섬이 거북섬(14.02.20)

건물주변 강하게 전정한 수벽은 서양조경수법이라 함 (14.02.20)

소나무 줄기가 붉어 적송(赤松), 줄기가 셋으로 갈라진 소나무밑에 오리배 석등이 놓여 있음(14.02.20)

모자이크 디자인은 서양수법이라 함(14.02.20)

차정자와 흙다리(14.02.20)

갓이 삼각뿔 형태인 석등(14.02.20)

단아한 서원조계 건물. 굄 시시복이 이채롭다(14.02.20)

소철 겨울나기(11.02.25)

빈틈이 없는 징검돌(眞 飛石)(11.02.25)

큰 돌로 조영한 징검돌과 디딤돌(11.02.25)

수벽과 소나무. 비스타 기법으로 서양 조경수법임(11.02.25)

(2) 쿄토 슈카쿠인리큐修學院離宮정원(20)과 영국 스토어헤드 Stourhead)정원

슈카쿠인리큐修學院離宮는 왕자리에서 물러난 상왕이 카츠라리큐 주인 조카로서 1659년에 완성하였다. 카츠라리큐보다 30년 늦게 건축된 것이다. 슈카쿠인리큐 총면적은 5만 5천㎡이었는데 1964년에 농경지 8만㎡를 매입하여 오늘날 경계가 되었다. 이렇게하여 농경지 풍경, 즉 봄 쇠뜨기, 가을 꽃무릇이 정원 경관 아름다움에 보태지게 되었다고 한다.

헤에이잔比叡山은 쿄토 동북쪽에 위치한 쿄토를 아우르는 산이다 이 산기슭에 흐르는 하천을 막고 길이 200m, 높이 15m 댐을 만들어 넓이 11,500㎡ 치센池泉을 만들었다. 초기에는 슈카쿠인리큐에 두채 찻집을 만들어 위쪽 상부찻집, 아래 정원입구에 하부찻집를 축조하였고, 중간에 황녀 거처를 만들었던 것을 메이지明治시대1868~1912에 중부찻집으로 편입하여 4채상부에 2채 찻집이 되었다고 한다.

상부 치센은 해발 140m 에 위치하며 호수에 흘러든 작은 능선을 짤라 섬을 만들고, 섬형상은 용이 호수에서 목욕할 때 보이는 등 같다 하여 치센이름을 오쿠류치浴龍池라 명명하였다. 치센댐을 3단의 전정한 철쭉을 심어 숨겼다. 상부치센에서 흘러내린 물로 정원 곳곳에서 물소리를 들을 수 있었다 상부찻집에서 내려다 보는 경관은 상상을 초월한다 특히 낙조는 매우 아름답다고 한다.

필자는 2014년 2월 슈카쿠인리큐정원 상부찻집에서 아래 전개되는 경관에 도취되었다가 문득 2005년 5월 영국 윌트슈어Wiltshire지방 스토어헤드Stourhead정원을 탐방하였던 일이 생각났다. 이곳도 강을 막아 광대한 호수를 조성하여 치센회유식 형태의 영국 자연풍경식 정원을 조영한 것이다 슈카쿠인리큐 1659년, 스토어헤드 1741년에 조영, 82년정도 차이가 있으나 하천을 막아 큰 못을 정원중심으로 하였다는 공통점을 갖고 있다.

영국 스토어헤드는 선禪사상대신 희랍신화를 정원에 입혔다. 그리이스 영웅이 꽃 신전를 출발, 온갖 거친 풍랑속에 항해를 하여 지옥동굴에 도착, 고생하다가 탈출하여 판테온신전을 거쳐 아폴로신전에 도달한다는 것이다 이 네가지 형상물을 호수주변에 배치하였는데 아폴로신전을 호수가 내려다 보이는 언덕에 설치하였기에 모든 경관을 조망하면서 그리이스신화 주인공 탐험루트를 통해 자신의 인생역정을 잠시 곱씹어 볼 수 있겠는데, 동, 서양 양쪽 정원 조성의미를 비교할 수는 없지만 모두 자연경관을 창출한 것은 대단하다.

슈카쿠리큐(修學院離宮) 정원 정문(14.02.18)

하부찻집 정원내 소매형 석등(14.02.18)

중부 찻집 내부 모자이크무늬(14.02.18)

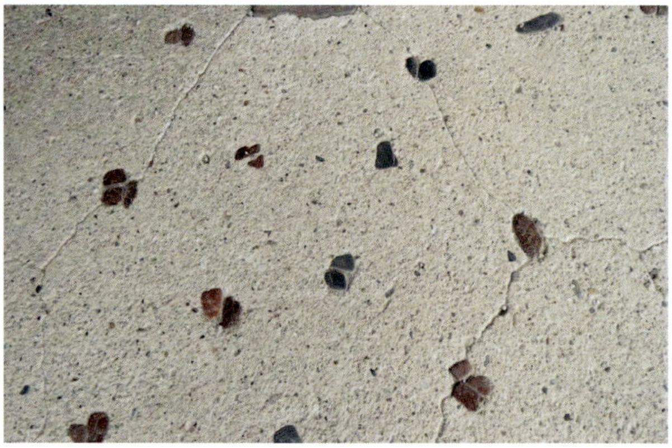

상부찻집 마당바닥 1, 3, 5 돌무늬(14.02.18)

상부찻집에서 내려다 본 요쿠류치(浴龍池) 모습. 교토 서북 연봉이 한눈에 들어온다(14.02.18)

놀이용 배(14.02.18)

요쿠류치 댐제방 소나무길(14.02.18)

조감도. 왼쪽 하부찻집, 오른쪽 중부찻집, 윗쪽 상부찻집 (14.02.18)

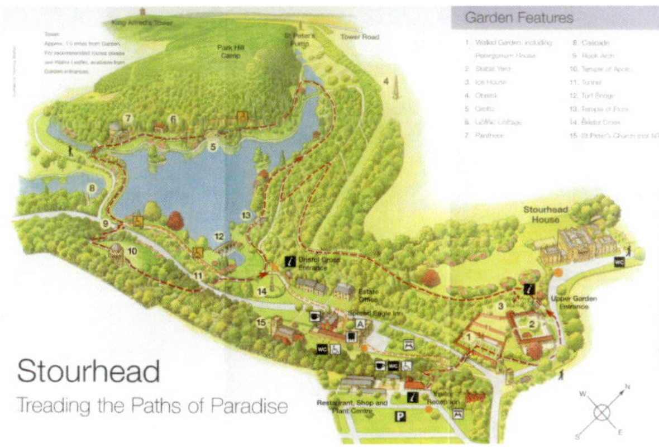

영국 스토어헤드 정원. 호수는 강을 막은 것이고, 집과 호수를 오베리스크가 중계함(05.05.03)

사암으로 건축한 저택(05.05.03)

만병초꽃이 만발. 나무키는 6m에 달함(05.05.03)

저택 정원과 목초지를 구획하는 ha-ha 기법. 가축이 넘어오지 못함(05.05.03)

저택과 호수를 연결시키는 오베르스크. 대단한 상징성 이다(05.05.03)

동굴에서 저승사자가 반긴다(05.05.03)

동굴에서 바라본 경관. 왼쪽 Temple of flora, 오른쪽 Turf of bridge, 뒷편에 교회가 보인다(05.05.03)

Pantheon 인근의 찻집(05.05.03)

Pantheon. 1990년대만 해도 내부 출입이 가능하였음 (05.05.03)

호수에서 오베르스크가 보인다. 수림은 인위적인 식재다 (05.05.03)

Appolo 신전(05.05.03)

아폴로신전에서 내려다 본 경관. 수림지역은 모두 식재한 것이다(05.05.03)

잔디 다리(05.05.03)

스토어헤드 상징경관. 판테온신전, 잔디다리, 백조가 경관 구성요소(05.05.03)

강을 막아 오큐리치를 조성하였고, 댐제방(길이 200m, 높이 15m)을 감추기 위해 3단의 관목을 심음 (15.09.29)

논두렁에 남아 있는 꽃무릇, 봄의 쇠뜨기와 더불어 농촌경관 백미(15.09.29)

상부찻집에서 바라본 오큐리치 경관. 섬모양이 목욕하는 용같다 하여 붙인 이름(15.09.29)

오쿠리치 아름다운 다리(15.09.29)

상부찻집 단아한 내부 모습(15.09.29)

상부정원은 찻집, 자연수림, 호수, 강전정 철쭉이 경관요소이다(15.09.29)

(3) 쿄토코쇼京都御所

① 코쇼숲御所森林

서기 794년에 나라에서 현재 쿄토인 헤이안코平安京)로 천도하는데 당시 중국 장안長安)모습을 본따 남북 약 5.3km, 동서 약 4.5km 사각형 모양으로 도시를 계획하였다. 헤이안코 북쪽 끝에 남북 1.4km, 동서 1.2km 규모 궁성을 조영하였다 한다 서기 960년 화재 이후 이은 여러번 화재 끝에 1855년 재건되어 현재 모습에 이르렀단다. 코쇼는 남북 450m, 동서 250m 사각형으로 약 11만㎡면적이다, 1869년 토쿄로 천도되어 귀족들 빈 저택이 황폐되자 1877년 2

백채 정도 주택을 철거하고 약 5만주 나무가 심겨진다. 현재는 소나무가 넓게 자리를 차지하고 있고, 그 외 녹나무, 느티나무, 푸조나무, 은행나무 등 거목과 매화, 복사나무, 벚나무, 배롱나무, 단풍나무 등이 다채롭게 섞여 있다 부지내 왕궁건물을 제외한 65만㎡를 국민공원國民公園으로 지정, 환경성이 관리하고 있다. 환경성 국민공원관리사무소 삼림박물관남서쪽에 위치자료에 의하면 야생조류 100종, 나비 50종 이상, 잠자리 20종, 매미 8종, 버섯 4백종이 자라는 생태계가 건축물을 헐고 나무를 심은지 130년만에 형성된 것이다.

쿄토숲에는 거목이 많은데, 기록에 의하면 나무둘레 300cm 이상(직경 95cm)은 160주이며, 이중 24주는 둘레가 325cm(직경 1m)이상이고, 이들 수종은 느티나무 9, 은행나무 1, 푸조나무 5주이라 하고, 숲에서 가장 큰 나무는 녹나무(흉고직경 145cm, 수고 40m, 수관넓이 20m)라고 한다.

필자는 팽나무가 하도 크길래 측정하였더니 가슴둘레 444cm(직경140cm), 수고 23m에 달했다. 거목 마을이다 최장수 수목은 600년생이라고 한다.

② 쿄토코쇼京都御所정원

현재도 이따금 왕실에서 사용하는지 긴장속에서 가이드가 이루어졌지만 건물위주 소개였고, 정원내용은 별로 없었다. 정원은 치센회유식이나 일반 관람객은 출입이 대부분 장소에서 불가능하였다. 귀공자 같은 소나무가 많은 것이 인상적이었다.

③ 센토코쇼仙洞御所정원

센토코쇼는 왕위에서 물러난 상왕이 살았던 곳으로 1630년 코보리엔슈小堀遠州가 작정에 참여 하였으며, 서구수법을 다수 채용하였다 한다. 서구수법중 화단조영이 특이했는데, 문헌에 의하면 로마벚꽃, 포도, 해바라기 등 유럽식물과 분수가 함께 조영되었으나 1660년 대화재이후 복구하면서 서구수법을 제외하였단다.

치센회유식정원이었고 다행히도 가이드는 정원위주이었다 치센 가운데에 핫바시八ッ橋가 있으며 등나무 시렁이 다리위에 설치되어 있었다. 이 다리에 의해 남지南池, 북지北池로 나누어진다. 정원요소 중 특이한 것은 남지 쓰하마 1천㎡ 면적에 111천개 둥근 돌을 깔았는데 돌 1개당 쌀 한되씩 주고 샀다 한다 쌀 이천가마에 해당된다.

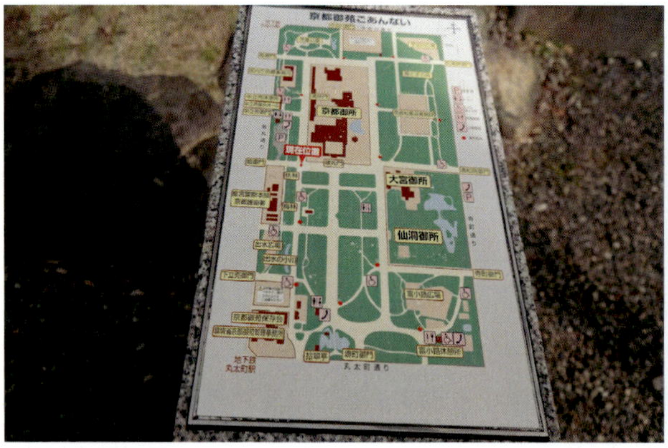

코토고소는 동서 700m, 남북 1.3km에 달하며, 쿄토 및 센토고쇼를 제외하고 국민공원으로 지정관리(14.02.21)

느티나무 거목들. 키가 20m에 이름(14.02.21)

겹매화꽃(14.02.21)

녹나무거목 줄기(14.02.21)

쿄토고쇼 북쪽에서 바라본 남쪽경관(14.02.21)

나무들이 서로 가을옷을 자랑하고 있다(14.11.24)

느티나무 단풍(14.11.24)

은행나무가 입은 노란외투(14.11.24)

단풍나무 가을 자태(14.11.24)

석양빛을 받아 줄기가 더욱 붉어진 적송(14. 11.24)

잘 생긴 소나무들이 관람객을 맞이한다(15.10.06)

가이드민을 따라 관람이 가능하며, 오른쪽에 치센이 위치한다(15.10.06)

쓰하마에 옥석이 깔려있다(15.10.06)

거북섬 등에 석등 올라 있다(15.10.06)

자갈 깔린 흙다리(15.10.06)

정원을 이루고 있는 석축, 누운잣나무, 노송이 조화롭다(15.10.06)

소나무, 나한송, 누운잣나무, 해송이 가족사진을 찍고 있다(15.10.06)

보기 드문 쇠등(15.10.06)

돌다리. 네 귀돌이 큰것이 인상적임(15.10.06)

징검돌(飛石)(15.10.06)

치센규모는 동서 100m, 남북 300m 이며, 중앙 다리에 의해 북,남지로 나뉨(14.02.21)

정문앞의 잘 가꾸어진 소나무(14.02.21)

부드러운 곡선이 쓰하마. 잔디로 덮혔다(14.02.21)

멀리 보이는 용문폭포(龍門瀑)(14.02.21)

가지런한 흙다리(14.02.21)

쓰하마의 둥근돌. 모두 111,000개로 구입에 돌 하나에 쌀 한되로 2천가마의 쌀이 소요되었다함(14. 02.21)

데시마가 귀부인같다(14.02.21)

굽은 해송과 석등(14.02.21)

두개의 섬. 왼쪽은 거북섬(14.02.21)

쓰하마와 석교(14.02.21)

지피식생이 이끼인 지역(14.02.21)

쓰하마 둥근돌이 참 예쁘다. 돌 하나에 쌀 한되라니...(14.02.21)

치센 풍광. 거북 두마리가 떠있고, 거북등에 소나무가 자라고 있다(14.02.21)

핫바시위에 등나무 시렁. 이다리가 치센을 둘로 나눈다(14.02.21)

2) 일본 3대 정원

(1) 미토水戸 카이라쿠엔階樂園

미토水戸영주는 인재육성을 위해 교육기관 코도우칸弘道館을 시내에 1841년에 세우고, 아울러 공부를 하다 쉬기도하는 공간으로 카이라쿠엔階樂園을 1842년에 조영하였다. 이 정원은 미토주민들이 함께 즐거움을 나누는 공간으로도 공개하였다 카이라쿠엔 면적은 약 13ha이고 매화 백 품종, 3천주가 심겨져 있다 카이라쿠엔은 교육기관 부속시설인 휴양장소로 이용한 것이다. 공부나 밥먹는 것은 같은 일로 지식이나 음식을 섭취하면 지식을 음미하거나 소화를 시켜, 자기뇌에 저장하여 지혜로 삼거나 소화시킨 것을 육체 각 기관 영양요소로 활용해야 한다. 지식과 지혜가 다르기에 이런 휴양장소가 반드시 필요한 것이다.

최근 미토시는 카이라쿠엔 인근 토지 특히 호수 서쪽까지 매입, 도시공원을 조성하여 전체면적이 58ha로 확장되었다. 카이라쿠엔 백미는 코분테이弘文亭로서 이정자 이층에 오르면 멀리 호수와 인근 광대한 매화림을 볼 수 있다. 실내에서 옛날 귀족계급들이 소장하였던 유물들을 감상할 수도 있다 카이라쿠엔은 다이묘大名정원으로 회유식 정원이다.

카이라쿠엔은 세부분으로 나뉘어져 있다 첫째, 맹종죽 천주 식재공간, 삼나무와 토쿄쿠센吐玉泉; 샘물등을 음陰공간, 둘째, 코분테이는 중간 공간, 셋째, 매화림을 양陽공간으로 나누었다. 2016년 3월 9일에 방문하였을때 매화꽃이 만발하였고, 야간 매화림도 아름다운 분위기였다 반면 매화림을 비교한 오사카성 매화는 햇수가 다르지만 2010년 2월 13일에 만발한 모습을 볼 수 있었다 미토는 큰 호수와 바다를 끼고 있어 토쿄보다 항상 온도가 낮다.

카이라쿠엔 매화꽃이 만발한 경관을 보니까 오사카성 매화림 생각이 났다 오사카성 매화꽃이 만발하였을 때 두 번을 방문했는데, 첫째는 2008년 2월 9일, 두번째가 2010년 2월 23일이었다. 2008년에는 눈이 많이 내려 설중매雪中梅를 만끽하였다. 오사카매화림은 성에 오르는 경사길에서 전경을 볼 수 있다. 정말 꽃대궐이다 여기에는 101품종 1,271주가 식재되어 있다 한다(2010.02.23 현재).

카이라쿠엔 동문(階樂園 東門)(09.01.29)

안내도. 위가 남쪽. 매화림, 삼나무림, 맹종죽림, 코분테이(好文亭) 등은 높은 지대, 센바호수(千波湖) 등은 낮은 지대에 위치함(09.01.29)

겨울에 소나무 관리작업을 하고 있다(09.01.29)

칸지쿠(寒竹)로 줄기직경 0.5cm, 키가 1~1.5m인 대나무로 가을에 죽순을 식용으로 한다 함(09.01.29)

코분테이내 벚꽃 그림(09.01.29)

코분테이 2층에서 내려다 본 경관. 저 멀리 센바호수도 보인다(09.01.29)

대나무 울타리와 갈대를 얹은 문(09.01.29)

삼나무와 맹종죽이 서로 키를 사랑하고 있다(09.01.29)

큰 아들 삼나무. 800년생쯤 되고, 두줄기는 근원경 1.5m, 2.5m이고, 키는 25m이다(16.03.09)

코분테이(好文亭) 전경(16.03.09)

매화림의 야경(16.03.09)

능수매화. 품종명은 야나가와시다레(柳川枝垂)(16.03.09)

코분테이에서 내려다 본 다즈나키(田鶴鳴) 매화림 (16.03.09)

분홍색의 매화. 품종명은 □고우바이(烈公梅)(16.03.09)

짙은 홍색꽃. 품종명은 오사카츠키(大盃)(16.03.09)

하루 용출양 100톤 샘물. 고저차를 이용하여 분수처럼 만들었다함(16.03.09)

매화 줄기를 덮고 있는 바위옷(16.03.10)

능수매화(16.03.10)

분홍끼가 있는 흰색 매화. 품종명은 다이리(内裏)(16.03.10)

분홍색의 겹매화. 품종명은 고쇼베니(御所紅)(16.03.10)

매화림 원로(16.03.10)

고도칸(弘道館) 정원내 용매화(16.03.10)

문무수업을 위해 1841년 3월에 개설한 고도칸(弘道館) 건물(16.03.10)

시라타키다레(白瀧枝垂) 수형(16.03.10)

오사카성과 녹음(08.05.11)

오사카성 매림 안내판(08.05.11)

흰색계통 매화(10.02.23)

연분홍색계통 능수매화(10.02.23)

붉은색계통 매화(10.02.23)

품종명이 양귀비(楊貴妃). 모습이 요염한가(10.02.23)

매화원 원경(10.02.23)

5월 매화원 전경(08.05.11)

품종명 야예마츠리가사시다레(八重祭笠枝垂)로 능수 매화(10.02.23)

품종명 닛코(日光)(10.02.23)

눈덮힌 매화(08.02.09)

눈 덮힌 원로와 매화(08.02.09)

눈 덮힌 매화림(08.02.09)

설중매이다(08.02.09)

(2) 오카야마岡山 카이라쿠엔後樂園

다이묘大名정원으로 1700년에 조영, 1994년에 오카야마현에 양도되어 일반 공개를 하기 시작하였단다. 1934년 수해, 이후 전쟁피해를 입었다가 그후에 현재모습으로 복구되었고 1952년에 특별명승으로 지정되었다. 치센회유식池泉回遊式정원이다.

초기에는 후원이었다가 1871년부터 「국가 안위를 먼저 생각하고 나중에 즐거움을 누린다」는 뜻으로 카이라쿠엔後樂園이라고 부르기 시작했다. 전체면적 144천㎡중 잔디면적이 2만㎡ 정도이다. 넓은 잔디밭, 6m 높이 조산唯心山, 길이 640m 코크스이 등이 특징이다. 아름다운 정원으로 미슐랭그린재팬에서 선정한 정원이 둘인데 그중 하나이다 옛날에는 4km 떨어진 아사히강旭川에서 용소를 끌어 들였으나 지금은 복류수伏流水를 이용한다고 한다.

높이 6m인 축산으로 석가산인 동시에 유이신잔(唯心山)과 철쭉꽃(07.04.28)

거목 느티나무와 녹나무(07.04.28)

소철원(07.04.28)

목단원(07.04.28)

다리로 연결된 두 섬(07.04.28)

안내도. 치센회유식이고, 넓은 잔디밭이 특색임. 정문 윗쪽이 엔요테이(延養亭)임(07.01.30)

한가한 풍경이다(07.01.30)

노송들 마을. 키가 15m이상된다(07.01.30)

유이신잔과 오카야마성(07.01.30)

엔요테이에서는 섬, 돌다리, 징검돌이 두드러져 보인다(07.01.30)

흰 모래톱, 소나무, 석등이 잘 어우러진 지리시마(砂利島)(07.01.30)

잔디밭에 서 있는 석등. 독특한 모양이다(16.02.13)

엔요테이 뒤곁에 조영된 용문폭포. 삼단 폭포로 암석이 대단하다(16.02.13)

음양석(陰陽石)(16.02.13)

유이시자에 조영되어 있는 카레다케(枯瀧)(16.02.13)

류텐(流店)정자 내부 모습. 정자 한 가운데로 물이 흐르며 아름다운 돌이 배치됨(16.02.13)

류텐정자 외부 모습(16.02.13)

야스하시(八橋). 판자 8개로 연결된 다리(16.02.13)

100주가 심겨진 매화원(16.02.13)

거북섬(16.02.13)

차밭과 맹종죽림(16.02.13)

치센변에 서 있는 석등(16.02.13)

아름다운 쓰하마와 섬들(16.02.13)

사육중인 두루미. 암컷 5마리, 수컷 1마리란다(16.02.13)

(3) 카나자와金澤 켄로쿠엔兼六園

카나자와金澤를 통치하던 영주는 연봉이 쌀 1백만섬으로 부호였다고 하며, 현재도 카나자와시내에는 일백만석一百万石도로가 명명되어 있다. 부를 바탕으로 1637년 면적 44,435㎡ 정원조성에 착수한다. 중국 송나라 낙양명원기洛陽名園記에 기록된 6개요소(1. 광대함 2. 심오하고 고요한 상태 3. 고색창연古色蒼然 4. 수원水源 5. 조망 6. 인력)를 기본으로 조영되었다고 한다.

1632년 약 11km 떨어진 곳에서 성 해자, 방화용 물로 사용하기 위해 끌어 들였는데, 이 물로 1837년 큰 치센霞ヶ池;카스미이케를 5천8백㎡ 넓이로 조영한다 이에 앞서 켄로쿠엔 발상지인 작은 치센瓢池;히사고이케를 만들고 폭포를 1774년에 조성한다 그리고 19세기 중엽 높이 3.6m 까지 올라가는 분수를 조영하는데 일본에서 가장 오래된 분수이다.

1837년 큰 치센 조영당시 파낸 흙으로 인공산을 만들어 정원은 물론 당시 영주 소유토지를 내려다 보았다고 한다. 이백년 이상된 소나무, 단풍나무, 전나무 등 많은 나무가 자라고 있었다 다이묘大名정원으로 서원조계書院造系이며 치센회유식 정원이다 후문 큰 치센앞 코토지微軫석등은 켄로쿠엔 상징으로 유명하다.

카나자와성은 웅장하기로 유명하다 1580년부터 축성을 시작, 1631년에 완성되었고 1759년 대화재로 소실된다. 그 부지에 1871년 육군병영, 1949년 대학

캠퍼스로 사용되다. 1997년 대학이 옮기고 나서 이시가와石川현이 취득하여 복원중이다. 총공사비 46억엔이 소요되며 건물길이가 98m이고 소요목재 72%를 이시가와 목재를 사용하여 지역경제와 연관시켰다하며, 복원도 이시가와장인들과 지역목공학교 학생들이 수행한다고 한다.

정원에 설치된 안내시설. 하단부가 궁전, 중간이 자수화단, 윗쪽이 운하(09.07.14)

카나자와성과 정원이 함께 그려져 있다. 켄로쿠엔은 큰 치센, 물길이 두드러진다(10.11.24)

켄로쿠엔 서북쪽 산 단풍(10.11.24)

켄로쿠엔 정문 석등. 다리가 둘이면서 곡선인데, 이석등이 본 정원 상징이다(10.11.24)

석등 갓에 이끼가 살고 있어 고색창연한 분위기이다 (10.11.24)

거북섬에 소나무, 잣나무가 어울려 살고 있다(10.11.25)

11장 판석으로 만든 다리. 기러기가 나는 모양이란다 (10.11.25)

유키치리(雪弔り) 제작중임. 여러 사람이 참여한다(10.11.24)

소나무숲에 단풍나무가 함께 지리고 있다(10.11.24)

짙은 적색 단풍나무잎(10.11.24)

물길과 단풍나무 조화(10.11.25)

축산위에 지은 정자. 정자이름이 요자연(樂自然, 자연을 좋아한다)이다(10.11.24)

다츠미(辰己)용수. 1632년에 해자물을 얻기위해 11km 떨어진 곳에서 물을 끌어 왔다함(10.11.24)

치센은 1837년에 조영되었고, 중앙섬은 불로장생 봉래섬을 표현 (10.11.24)

제 2치센은 표주박을 닮았다하며, 켄로쿠엔 발상지이며, 용문폭포는 1774년에 조영되었다 함(10.11.24)

카스미가이케 찻집, 전나무가 보호하고 있다(10.11.24)

네아가리노마츠(根上松)라고 함. 흙을 쌓아 돋아진 곳에 소나무를 심고, 점차 흙을 제거하여 뿌리를 드러나게 함. 200년생정도임(10.11.24)

치센과 유키츠리 소나무 경관(10.11.25)

19세기 중엽에 만든 일본 최고(最古)의 분수. 3.5m까지 올라감(10.11.24)

왜가리가 산책중이다(08.08.26)

8월 수로(08.08.26)

치센주변 노송들. 흉고직경 50~60cm, 수고 15m에 이르며, 수령은 200년이상이다(08.08.26)

수로를 청소하는 사람들(10.11.26)

2000년도에 재건한 시구레데이(時雨亭)(10.11.26)

3) 토쿄도립공원東京都立公園 중 유명정원有名庭園

(1) 구 시바리큐온시정원(旧 芝離宮恩賜庭園)

개원면적은 4만3천㎡이며 현존하는 다이묘정원 중 가장 오래된 정원 중 하나로 전형적인 치센회유식 정원이다. 부지는 1650년대말 매립되어 1678년 무사귀족저택부지로 사용되다. 1871년 왕실소유가 된다 1923년 관동대지진으로 소실, 1924년1월 토쿄도에 이관하여 그해 4월에 일반공개되었다. 1979년6월 국가명승으로 지정되었다. 넓이 9천㎡의 큰 치센, 인공산 오야마大山, 돌배치가 독특한 나카지마中島, 카레타키枯瀧 돌쌓기, 서호제방 등이 정원요소로 두드러진다.

정원 안내도. 정원요소는 유키미석등, 카레타키, 세키츄, 세이코노츄츄미, 나카지마 돌, 야츠하시 등이다(15.04.13)

쓰하마에 아리소를 설치한 것 같다(15.11.27)

중백로 고고한 자태(15.11.27)

유키미(雪見)석등과 작은 돌을 깔은 쓰하마(15.04.13)

해송 3주를 등에 지고 있는 거북섬(15.04.13)

정원내에서 가장 높게 쌓은 오야마(大山)(15.04.13)

오야마에서 내려다 본 치센 동쪽 전경(15.04.13)

오시마사구라(人島□)(15.04.13)

만병초꽃이 만발하였다(15.04.13)

철쭉동산(15.04.13)

카레폭포(枯瀑) 돌배치. 물길이 산책로임(15.04.13)

세키류(石柱) 4개가 서 있음(15.04.13)

서호제방(西湖堤, 세이코노츠츠미). 중국 항저우 서호를 본떠 만들었다함(15.04.13)

큰 돌이 서있는 나카지마(中島). 중국 불노불사의 땅, 영산을 본땄다함(15.04.13)

오시마(大島)에 이르는 통판 돌다리(15.04.13)

꽃색깔이 연녹색인 교이코우(御衣黃) 벚나무(15.04.13)

데시마(出島)로 왼쪽 하단부 돌다리가 앙징맞다(15.04.13)

쓰하마 아름다운 곡선과 돌배치(15.04.13)

도단츠츠지. 봄에는 작은 흰방울꽃, 겨울에는 빨간 단풍이 특징(15.04.13)

바닷물이 들어왔던 흔직. 지금은 도시화로 불가능하여 담수임(15.04.13)

(2) 하마리큐온시정원浜離宮恩賜庭園

정원면적이 25만㎡에 달하며 1635년에 토쿄만 일부를 매립하여 조성한 정원이다 토쿄정원 중 해수를 끌어들인 정원으로 유일하게 남아있고, 에도시대 무신정권 쇼군將軍 토쿠가와康川가문 정원으로 찻집만 5채였었는데, 소실된 찻집을 현재도 복원중이다 오리사냥터가 2개소인데 1778, 1791년에 축조되었다 한다. 관동대지진과 전쟁으로 피해를 입었으며 1945년 토쿄도東京都에 이관되고 1946년 4월부터 일반공개 되었다

1952년 11월 국가 「특별명승」 및 「특별사적」으로 지정, 앞서 언급한 히라이 이즈미平泉 모츄지毛越寺정원과 더불어 특별명승, 특별사적 9그룹에 속한다 나카지마中島돌배치는 봉래산을 표현했으며 봉래산은 늙지도 죽지도 않는不老不死땅이라는 중국 상상의 영산이다.

정원 안내판. 동,북쪽으로 바닷물이 유입되고, 정원 절반이 수면이다(15.04.18)

매립지라 직선 수변이 보인다(15.11.27)

잘 가꾼 미인송. 키가 작고, 수관폭이 넓다(15.11.27)

유채를 10월 26일에 파종하여 내년 봄꽃을 기약한다(15.11.27)

데시마(出島)의 아리소(荒磯). 거친 해안이다(15.11.27)

축산(築山)인 오친산(御亭山)(15.11.27)

오친산에서 바라본 치센경관. 긴 나무다리가 특이함 (15.11.27)

키가 작고 수관폭이 넓은 소나무가 갓이 넓은 석등을 안고 있다(15.04.13)

정문(15.04.13)

도쿄에서 가장 큰 해송. 큰가지가 밑으로 처져 있으며, 1709년에 식재되었다 함(15.04.13)

고목의 벚나무가 개화하였다(15.04.13)

팔손이 새순(15.04.13)

이대, 오죽이 심겨진 대나무 숲(15.04.13)

여러 종류의 도단츠츠치. 꽃색깔이 다양하다(15.04.13)

긴 나무다리가 고노지시마를 지나고 있다(15. 04.13)

오리사냥터. 사람 키정도에서 엿보는 작은 구멍으로 오리를 볼 수 있다(15.04.13)

오리사냥법이 설명되어 있다(15.04.13)

바닷물을 넘는 다리(15.04.13)

꽃색깔이 옅은 분홍색의 겹벚꽃나무(15.04.13)

옛적에는 이곳 인공산에서 후지산을 볼 수 있었다 함(16.04.13)

등나무 뿌리목 줄기. 세월이 쌓였다(15.04.13)

나무다리(오츠다이바시)와 섬(고노지시마) 경관(15.04.13)

(3) 키요스미清澄정원

지방영주 토지를 1878년 미츠비시三陵그룹 창시자인 이와사키야타로岩崎彌太郎가 저택부지 3만 평을 사들여 정원조성을 시작, 3대에 걸쳐 정원을 완성하였다 한다. 스미다강隅田川 물을 끌어 들여 다이센스이大泉水를 조성하고, 석가산인 후지산富士山 인공산을 축산하였다. 그리고 전국에서 60종 기암진석을 배로 실어와 배치하여 회유식임천回遊式林泉정원을 조영한 것이다.

1924년 토쿄시에 기부하여 1932년 7월에 토쿄시 공원으로 개원하였고, 1979년 3월 31일 토쿄도東京都명승으로 지정되었다. 전체면적은 81,091㎡이고, 이중 정원 37,434㎡, 공원 43,657㎡이다. 본정원은 전국에서 가져온 암석이 유명하며 경관 조성용인 경석景石 52점, 디딤돌 3점, 치센가에 설치한 이소와다리磯渡り 3개소, 석등 8점, 돌수각 6점 등이다.

징검돌飛石 총길이는 350m로 580개 돌로 조성하였다고 한다. 현장에 유명한 돌이름과 번호가 기록된 조그만 팻말이 세워져 있다. 그리고 안내소에서 「경물·석물 만남清澄庭園 景石·石造物めぐり」 책자를 구할 수 있다.

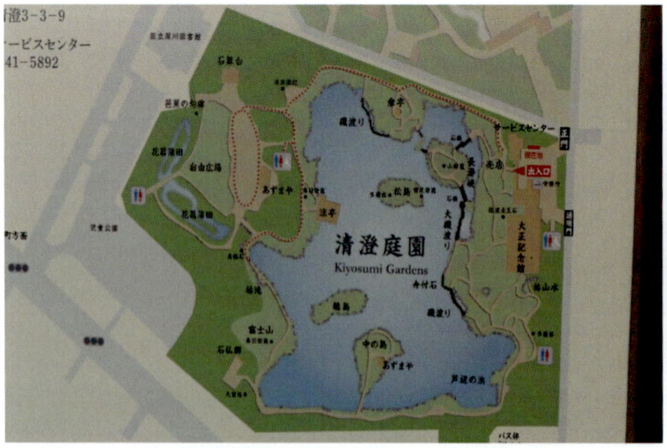

정원 안내도. 경석(景石) 52점, 이소와타리(磯渡し, 징검돌) 3점, 디딤돌(沓脫石) 3점, 석등 8점 등이 배치된 훌륭한 암석정원(16.03.13)

인공산 후지산 중턱에 조영한 소나무 유키츠리, 석등, 경석(15.12.03)

마츠시마(松島) 유키미(雪見)석등 위에 해오라기가 앉아 있다(15.12.03)

거북섬에서 유키미석등과 11층 석탑이 균형을 이루고 있다(16.03.13)

나무다리위로 인공 후지산이 보인다. 전정된 철쭉, 유키츠리, 거목 녹나무가 함께 한다(16.03.13)

삼지닥나무꽃(16.03.13)

꽃색갈이 홍색인 간히(寒緋) 벚꽃나무. 토쿄에서는 3월 중순에 개화(16.03.13)

간히벚꽃 모양. 다른 품종보다 일찍 개화하는데 오키나와가 원산지인 것이 원인이다(16.03.13)

후지산에서 내려오는 물이 카레폭포를 통과하고 높이 3m의 청석을 수락석으로 사용(16.03.13)

다듬은 돌로 징검돌(磯渡り, 이소와다리)를 조영. 보통 징검돌과 아리소야마를 합친 것으로 돌이 크다(16.03.13)

점판암 두장을 잇대어 만든 돌다리(15.04.15)

태호석같이 생긴 돌이 정원입구에 놓여 있다(15.04.15)

붉은 돌도 있다(15.04.15)

이소와다리(2). 맨앞의 청석에 힘줄같은 무늬가 있다(15.04.15)

징검돌 일부. 큰 돌을 사용했다(15.04.15)

화강암 석등(15.04.15)

이소와다리(3)(15.04.15)

느티나무와 녹나무 수관(15.04.15)

겹벚꽃나무(15.04.15)

학같이 생겼다는 마나즈루이시(眞鶴石)(15.04.15)

흙다리 공사모습(15.04.15)

신기하게 생긴 돌수각(15.04.15)

(4) 고이시가와카이라쿠엔(小石川後樂園)

정원면적이 70,847㎡나 되는 큰 정원이다. 1630년 이후 조영된 지방영주 저택정원으로서 치센회유식 정원. 축정은 1624~1644년 사이에 쿄토 정원사 토쿠다이지사료에德大寺左兵衛가 하였으며, 1668년 중국 유학자 주순수朱舜水가 상담역으로 중국과 일본 명승지를 정원에 반영하였다고 한다. 치센을 파고 그 흙으로 인공산을 만들었다.

카이라쿠엔後樂園은 「국가안위를 먼저 근심하고 나중에 즐긴다」라는 뜻으로 이름을 붙였다한다. 서호제방西湖の堤축조는 일본 여러 정원에 영향을 주었고, 에도시대 다이묘大名정원으로서 인기가 높았다 한다. 본정원은 「특별사적」, 「특별명승」으로 지정된 하마리큐온시정원과 더불어 「9그룹」에 속한다. 구석구석에 훌륭한 정원요소가 배치되어 있고, 명칭도 중국고사를 연상되는 것이 많았다.

정원 안내도, 특색있는 정원요소가 많은 정원(11.02.23)

매화꽃이 만발하였다(11.02.23)

키가 낮은 등나무 시렁(11.02.23)

중국 항저우 것을 본떠 만든 세이코노스스미(西湖堤, 서호 제방)(11.02.23)

히토츠마츠(一松). 비와코를 본떠 만든 치센에 비와코 산 소나무를 식재하였고, 유키츠리가 섬세함(11.02.23)

소로잔(小盧山)은 축산으로 단풍나무 잎색갈이 요염하다(15.12.13)

쓰하마 경관으로 섬(竹生島)을 표현하기 위해 돌들을 배치(15.12.13)

단아한 초가정자(儿八屋)(15.12.13)

봉래도(蓬萊島)(15.12.13)

내정의 잔디섬, 작은 소나무, 돌다리 등. 아름다운 그림이다 (15.12.13)

내정을 찾은 물총새(15.12.13)

수령 60년생의 능수벚나무(15.04.18)

하치쵸다리(八丈橋). 판자 8장 다리로 일본전통정원에 설치함(15.04.18)

엔게츠교(円月橋). 물속에 비친 다리까지 합하면 보름달이 된다고 하는 이름(15.04.18)

츠우텐교(通天橋). 가을단풍은 다리를 더욱 돋보이게 할 것임(15.04.18)

크고 동글동글한 징검돌(15.04.18)

(5) 리쿠기엔六義園

이 정원도 다이묘大名정원으로 치센회유식이다. 지방영주가 자기저택에 1695년 정원조영에 착수하여 1702년에 완성하였다. 치센을 만들고 후지산을 축산하느라 오래 걸린 것이다. 1878년 미츠이三陵 창업자 이와사키岩岐가 매입하여 별저로 사용하였다. 1938년 이와사키집안岩岐家에서 토쿄시에 기부하였고, 그해부터 일반공개되었다. 1945년 공습으로 대화재가 발생하였고, 재건하여 1953년 특별명승으로 지정하였다.

본 정원은 와카和歌정원이라고 부를 정도로 와카야마현 와카산和歌山과 인연을 갖고 있다. 와카야마현和歌山縣은 오사카후大阪府 남쪽, 칸사이関西공항 남쪽에 위치하며 해안을 끼고 있어 경관이 아름다운 모양이다. 특히 이 지역에서 와카노우라和歌の浦포구 모습이 관광명소로 알려져 있다. 이 와카야마 경관을 축경적으로 리쿠기엔에 적용시켰다고 한다. 특히 정원내 88개소에 돌표석을 세웠는데 명칭을 와카야마 포구와 시에 나오는 이름을 붙였단다.

정원에 철쭉종류가 인공산 해발 35m인 후지시루도케藤代峠을 비롯 곳곳에 심겨져 있다. 철쭉류는 일본에서 16~17세기사이에 300종이상 품종이 개발되어 1629년에는 철쭉책자까지 출판되었다고 한다. 특히 인근에 철쭉센타까지 있어서 리쿠기엔에 철쭉 종류를 많이 식재된 것으로 알려져 있다. 정원전체에 철쭉을 비롯하여 수목을 28,700㎡면적에 식재, 교목 6,100주침엽수 270주, 상록수 1,785주, 낙엽수 4,045주가 자라고 있다 한다.

1693년 에도(현 토쿄) 지형도. 이미 토쿄만이 매립되어 현재와 비슷함(11.02.23)

아름다운 중도(中島)는 출입제한(11.02.23)

신선들이 산다는 봉래도(11.02.23)

후지시루토케(藤大峠)에서 바라본 나카지마(中島)와 흙다리(11.02.23)

두장의 큰 판석으로 만든 토게츠교(渡月橋)(11.02.23)

치센에 누워 있는 용(臥龍石)(15.12.03)

리쿠기엔(六義園) 정문(15.04.14)

리쿠기엔 안내도. 다양한 철쭉이 소개되었지만 때가 맞아야 한다(15.04.14)

함초롬히 피어 있는 분홍색 겹동백꽃(15.04.14)

정문에서 들어가 나이데이다이몬(内庭大門)을 지나면 거목의 능수벚나무를 볼 수 있다. 1965년에 식재(15.04.14)

나이데이다이몬을 지나야 정원에 이를 수 있다(15.04.14)

겹벚꽃나무. 늦게 꽃이 핀다(15.04.14)

나카지마의 소나무 모습들이 장관이다(15.04.14)

치센 호반 곡선이 아름답다(15.04.14)

석등과 소나무(15,04,14)

철쭉 나이가 얼마일지...(15.04.14)

철쭉나무 정자는 1880년 이후에 조영되었고, 지금까지 재해피해가 없었다 함(16.04.14)

각종 철쭉류가 심겨 있다. 꽃 피는 시기에 장관일 것이다(15.04.14)

왼쪽 가지가 없는 노송. 우리 속리산 연송을 생각나게 한다(15.04.14)

작은 치센에 작은 돌섬이 떠있고 앞에 거북돌이 앉아 있다(15.04.14)

선이 아름다운 쓰하마(15.04.14)

노송과 정박중인 놀잇배(15.04.14)

(6) 구 후루가와旧 古河정원

구 후루가와 정원은 삼단으로 나뉘어져 있는데 상부에 저택, 중간에 서양식 기하학적 정원, 하부에 일본정원이 조영되어 있다. 면적은 30,780㎡로 1919년에 정원이 완성되었다 한다. 메이지시대 재벌 후루가와古河저택으로 서양식 건물과 서양정원은 영국 건축가 조시아 콘돌Josiah Condor, 일본정원은 오가와지헤이小川治兵衛가 설계한 것으로 알려져 있다.

서양정원은 3단 테라스정원으로, 중간에 장미정원을 배치하였고, 저택과 정원에 서양정원 특색인 잔디밭이 1,500㎡ 조성되어 있으며, 교목 2,000주, 관목 3,400주가 식재되었다고 한다. 근대에 조영되어 서양에서 유행하는 히말라야시이더 큰 나무를 볼 수가 있다.

일본정원은 심자지心字池이며, 물이 흐르는 큰 폭포와 물이 흐르지 않는 카레타키枯瀧가 조영되어 있다. 석등도 유키미츠雪見석등을 비롯, 여러 기 석등을 볼 수 있다. 식재된 식물은 꽃무릇, 수선화, 꽃창포, 벚나무, 병솔나무, 철쭉류, 검양옻나무가을 단풍이 빨갛고 예쁨등으로 다양하다.

이차세계대전이후 국가에 헌납되었고 1956년에 공개되었으며 2006년 국가명승으로 지정되었다. 독특한 정원이다.

정원 안내도. 오른쪽 서양식, 왼쪽 일본식정원이 함께 조영 됨(15.04.14)

본관 양식건물. 건축한지 100년이 되었고, 왼쪽에 서양수목 히말라야시이다가 식재됨(15.04.14)

영국 건축가 조시아 콘도르가 1919년에 완성하였다함(15.04.14)

본관앞 서양식 정원에 튜울립이 심겨 있음(15.04.14)

본관 테라스에서 바라본 서양식 정원(15.04.14)

서양정원에 장미를 볼 수 있는데, 현재 90품종, 180주가 심겨 있다 함(15.04.14)

5월 장미원 전경(17.05.19)

빅드림, 미국, 1984, HF(17.05.19)

로-라, 프랑스, 1981, HF(17.05.19)

피스, 프랑스, 1945, HT(17.05.19)

크리스챤, 프랑스, 1945, HF(17.05.19)

칵테일, 프랑스, 1957, S(17.05.19)

경사면에 심은 철쭉 전정이 잘 되어 있었다(15.04.14)

후지산의 검은 용암돌로 산의 분위기를 느끼도록 하였다 함(15.04.14)

일본정원 대문(15.04.14)

곡선 야리미즈가 치센으로 흘러들어간다(15.04.14)

유키미석 등과 크고 작은 돌이 깔려있는 쓰하마(15.04.14)

징검돌 상당히 큰 돌이다(05.04.14)

두장의 큰 판석으로 조영한 돌다리(15.04.14)

낡은돌만 보아놓았나(15.04.14)

웅장한 카레타키(枯瀧). 잉어석이 놓인 용문폭포로 비가 많이 오면 물이 흐를 것이다(15.04.14)

치센을 둘러 싸고 있는 5월의 나무들. 석등도 함께 했다(17.05.19)

오타키(大瀧)도 용문폭포로 심산유곡의 기분을 내기 위해 여러 단으로 쌓았다 함(15.04.14)

이끼모습. 지속적인 관리가 필요하다(15.04.14)

13층 석탑(15.04.14)

느티나무 잎이 나기 시작했다(15.04.14)

(7) 토노가야토殿ヶ谷戸정원

지형이 특이한 곳에 조영한 정원이다. 고쿠분지國分寺 단구애段丘崖가 길이로 30km 이상 발달된 지역 중간에 상부지역, 단구애지역, 하부지역을 함께 하는 정원이다. 본 정원에서 상부지역은 관리사무소 등 건물이 입지하는데 이 지역은 넓은 잔디밭, 소나무, 단풍나무, 싸리터널이 자리하고 있다. 경사진 단구애지역 한쪽에 정자紅葉亭를 지었고 많은 소나무와 단풍나무를 만날 수 있다. 원로를 따라 단구애를 내려가면 단구애 하단부에서 용출된 물이 모이는 치센이 보인다.

이 지역 한 상공인이 1913~1915년 별장으로 지은것을 1929년 미츠비시三陵 이와사키岩岐 집안에서 인수하게 된다. 1934년 상단부에 잔디를 식재하고 용수를 살리며 상, 하단부를 연결하여 회유식 정원을 완성한다. 1965년 지역개발계획으로 정원존립이 위험해지자 지역주민들에 의해 본 정원을 지키려는 운동이 일어나, 보존이 결정되어 1974년 토쿄도가 매입(36억 5천만엔)하여 1979년 일반공개하였다.

정원면적은 약 18,000㎡이며, 입구에 후피향나무모츠코쿠:モッコク가 여러 주 심겨있어 모츠코쿠정원이라고도 한다.

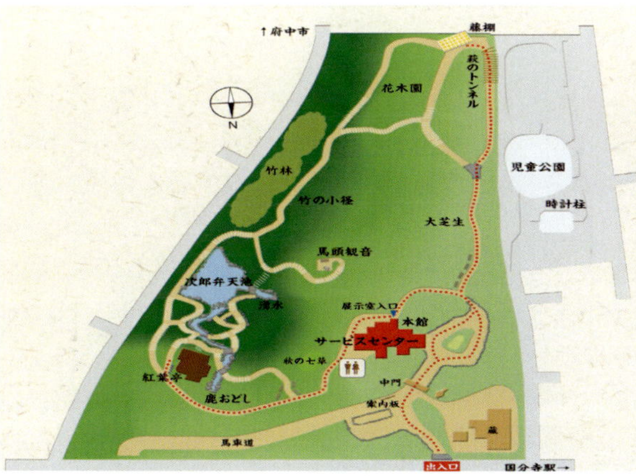

안내도. 상부(오른쪽)와 하부(왼쪽)사이에서 용출수가 흘러 나오는 단구애(段丘崖) 지형임(15.04.12)

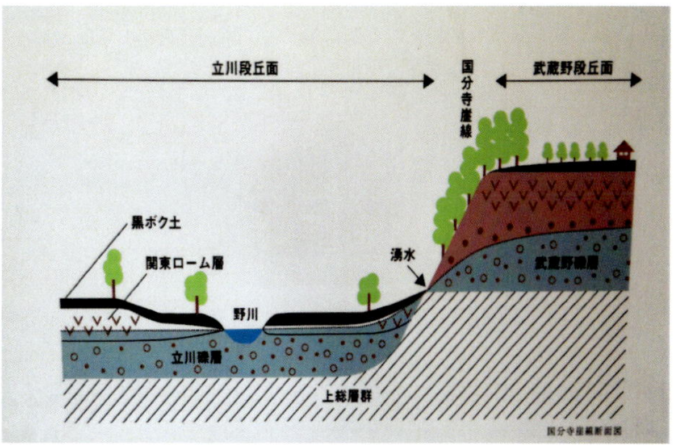

코쿠분지(国分寺) 단구애 설명그림. 단구애 상부 토양층, 하부 자갈층으로 여기서 물이 흘러 나옴. 이곳 단구애 길이가 30km이라 함(15.04.12)

정원입구 경관. 넓은 잔디밭, 소나무, 단풍나무, 유키츠리가 손님을 맞고 있다(15.12.02)

가을 칠초. 가을 풍미를 뜻하는 풀들로 물억새, 싸리, 칡 등이 보인다(15.12.02)

바위와 석탑. 지피식생은 사사종류이다(15.12.02)

소나무 하부를 거의 단풍나무가 차지하고 있다(15.12.02)

싸리터널(15.12.02)

피라칸사 열매가 탐스럽다(15.12.02)

단풍나무 요염한 모습(15.12.02)

노송마을(15.04.12)

싸리나무 새순(15.04.12)

단풍나무들 봄 새싹(15.04.12)

맹종죽의 꼿꼿한 몸가짐을 본받아야하지 않을까(15.04.12)

삼지구연초 꽃색갈이 보라색이라니...(15.04.12)

느티나무와 복사꽃(15.04.12)

이렇게 경사진 단구애 하단부에서 용출수가 흘러 나온다(15.04.12)

용출수지역. 수온은 항상 15~17도(15.04.12)

카레타키. 잉어석이 있으니 용문폭포(15.04.12)

얼레지꽃(15.04.12)

인위적으로 조성한 4단 폭포. 오른쪽으로 단구애를 오르는 원로가 보임(15.04.12)

치센 주변 나무들이 섬 소나무를 향해 구애하는 것이 아닐까 (15.04.12)

왜 적송이라 하는지 알수 있다(15.04.12)

4) 지방소재 다이묘大名정원

(1) 다카마츠高松 리츠린코엔栗林公園

국가지정특별명승 중 최대면적으로 총면적이 75만㎡이고, 평지만 16만㎡에 달한다 면적이 매우 넓어 보통 카메라는 평지에서 공원 전경을 촬영하기 힘들음을 참고로 해야한다. 1620년 영주에 의해 난코南湖일대가 조성된 후 1745년에 전 공원이 완공되었다고 한다 완공후 230년간 영주가문 소유로 유지되다가 1871년 신정부가 소유, 1875년 3월 16일 현립공원縣立公園으로 공개하게 된다 1953년 국가지정 특별명승이 되었으며, 2009년 프랑스여행가이드 「미슐랭그린가이드재팬」으로 선정되어 별 3개를 취득, 일본에서는 오카야마 카이라쿠엔岡山 後樂園과 더불어 2개소이다.

본 정원은 6개 치센, 13개 인공산이 조화롭게 배치되어 선경仙景 세계라 할 수 있고, 1천주 소나무해송과 적송가 식재된 소나무 정원이다 정원 뒷산 시운잔紫雲山을 차경으로 정원을 조성하였으나, 시운잔 자체가 정원을 어머니처럼 항상 지켜보고 있어 정원 경관을 이끌고 있다.

특히 인공산 후요호芙蓉峯은 혹코北湖, 히라이호飛來峯은 난코南湖를 종일토록 사랑하여 서성거리며 어머니 시운잔紫雲山 품속에서 소곤소곤 대화를 이어가고 있다. 이 두 인공산 꼭대기에서 두 호수를 각기 바라 보노라면 인간 힘으로 아름다운 자연경관을 창출할 수 있음이 증명된다.

대규모 정원부지에 각종 정원요소를 적정한 위치에 배치하여 인위적이라는 느낌이 별로 들지 않는다. 다른 치센회유식 다이묘大名정원을 어느 정도 관람한 후에야 본 정원을 찾으면 좋을 것 같다. 본 정원을 먼저 답사를 하고 다른 정원을 가게 되면 매우 작아 보일 수도 있으니...

안내도. 왼쪽에 남정, 북정으로 나뉘며, 중심은 남정으로 북호, 남호, 서호로 나뉜다. 평지면적만 16만m2이다. 뒷산은 시운잔(紫雲山)이다(16.04.12)

정원 초입. 키작은 노목 해송과 소철(16.04.12)

오른쪽 해송은 300년간 전정해서 키운 모습. 키 3m, 수관폭 14m에 이른다(16.04.12)

북호(北湖) 부용봉(芙蓉峰)으로 북호를 파서 만든 산. 전정한 해송이 보임(16.04.12)

북호에서 바라보이는 석양무렵 빛나는 녹나무(16.04.12)

후요호에서 바라본 북호 경관. 쓰하마, 해송, 붉은 다리, 차정, 시운잔 녹음 등이 하나의 풍경화이다(16.04.13)

남호 히라이호(飛來峰). 인공산으로 해송이 정연하게 식재되었다(16.04.12)

히라이호에서 바라본 경관. 엔게츠교(偃月橋)와 기쿠게츠테이(掬月亭)가 보이고, 배경인 시운잔 4월 경관도 아름답다(16.04.13)

이단 송림. 앞은 상지송, 뒤는 병풍송이다(16.04.12)

부부송. 직송과 해송이 한 몸이다. 적송은 부인, 해송은 남편(16.04.12)

남호 엔게츠교 서쪽 두견섬에 있는 하트모양 철쭉으로 인기가 좋음(16.04.12)

남호에 떠 있는 삼존석(三尊石)(16.04.12)

300년생이상된 소철(16.04.12)

오케이도이노타키(桶樋瀧). 산중턱 통에 물을 채웠다가 영주가 지날때 물을 흘려 폭포가 살아나게 함(16.04.12)

깍아 만든 석벽으로 중국 것을 본따 적벽이라고 함(14.04.12)

정원 어머니산, 시운잔(紫雲山)경관. 왼쪽 해송숲, 오른쪽 참나무숲(16.04.13)

키쿠케스테이(掬月亭)와 뿌리가 들어난 섬잣나무. 1833년에 분재목을 심었다함(16.04.13)

남호를저어 나가는 놀잇배(16.04.13)

키쿠케스테이 마당 돌수각, 디딤돌과 각종 괴석들(16.04.13)

정자안에서 볼 수 있는 삼면경관(14.04.13)

뒤 돌아보는 사자상(16.04.13)

목단꽃 바위(16.04.13)

츠루카메츠(鶴龜松)로서 110개 돌로 만든 거북등에서 학인 해송이 춤을 추고 있음(16.04.13)

군오치(群鴨池)전경. 물에 비친 나무들의 모습이 아름답다(16.04.13)

꽃창포원(16.04.13)

오리사냥터. 오리유인을 확인하는 작은 창(16.04.13)

(2) 히코네彦根 겐큐엔玄宮園

다이묘大名정원으로 치센회유식池泉回遊式이다. 칠년간 노력한 끝에 1677년에 정원을 완성하였고, 히코네성은 이미 1607년에 건축되었다고 한다. 중국 근강近江 8경을 모방한 축경원縮景園 이어서 중국 궁정정원이라 부르는데 본 정원이름을 여기서 본땃다는 설도 있다. 성이 온전히 보존되어 1952년 국보로 지정되었다.

정원 중앙 큰 정원을 메야쿠쇼우魚躍沼라고 부르는데 물고기 뛰는 모습이 아름답다는 의미인지... 9개소 다리가 정원경관을 돋보이게 하고, 섬인근 돌배치가 아름답다. 성내에 많은 벚나무가 식재되어 있어 때를 잘 맞추면(4월 초)아름다운 경관을 만끽할 수 있다. 치센 물은 성해자에서 공급되고, 해자 뱃놀이는 참 낭만스럽다.

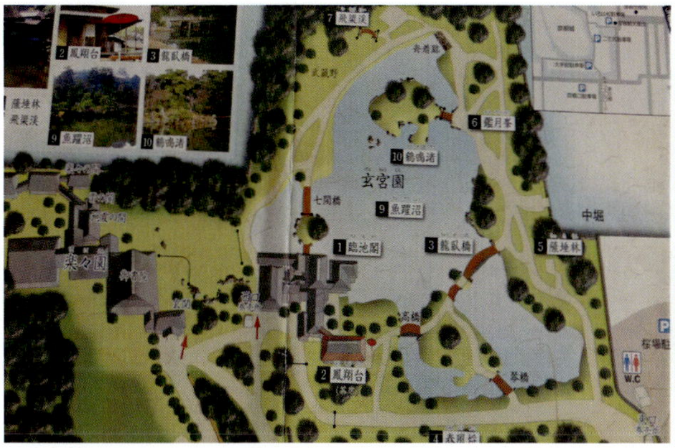

안내도. 전형적인 다이묘(大名)정원으로 치센회유식. 큰 치센, 큰 섬, 9개 다리가 특징(16.04.07)

히코네성(彦根城) 해자 주변에 만발한 벚꽃(16.04.07)

이식한 소나무인데 뿌리가 드러나지 않은 것이 특징(16.04.07)

정원내 긴다리인 류가바시(龍臥橋)가 보인다(16.04.07)

카쿠베이나기사(鶴鳴渚) 돌배치. 거대한 입식이다(16.04.07)

서원조계(書院造系)의 린치카쿠(臨池閣)(16.04.07)

카레용문폭포(枯龍門瀑). 물이 세차게 내려올 듯 하다 (16.04.07)

기묘한 소나무와 거대한 입석들(16.04.07)

치센 교야쿠쇼 경관. 다리,쓰하마,거석,그리고 찻집 (16.04.07)

쓰하마인근의 거석들(16.04.07)

섬으로 드나드는 흙다리. 출입금지(16.04.07)

본 정원에서 정원요소로 다리도 중요하다(16.04.07)

린치카쿠에 이르는 나무다리(16.04.07)

다듬지 않은 돌로 조영한 석등(16.04.07)

정말 아름다운 분재형 소나무이다. 키가 2m, 폭 10m이다(16.04.07)

린치카쿠 옆에 조영된 카레산스이 정원. 카레타키가 주 정원 요소이다(16.04.07)

히코네 성벽(16.04.07)

꽃이 회려한 소메이요시노사쿠라(16.04.07)

꽃이 붉은 에조야마자쿠라(16.04.07)

히코네성에서 바라본 겐큐엔(玄宮園) 전경(16.04.07)

(3) 히로시마廣島 슛케이엔縮景園

1620년부터 정원조영이 시작되었고, 1781~1788년에 걸쳐 쿄토 정원사가 대개수에 착수하여 대표적인 치센회유식 정원이 되었다 한다. 1931년부터 일반 공개된 다이묘 정원으로 1940년 히로시마현에 기부되었고, 1945년 원자폭탄 투하 피해를 입었다. 그 후 복원한 것이 현재 모습이다.

중앙에 치센 타쿠에이치濯纓池를 파서 조성하고 크고 작은 거북섬과 학섬을 배치하였다. 학섬은 머리부분 돌을 길게 하고 날개부분을 입석으로 배치한 것을 볼 수 있다. 치센면적은 약 8천㎡ 로서 최고수위 1.2m이며, 이웃하천에서 물을 끌어 들여 물은 약염수라 한다.

정원 명칭대로 여러 개 경관을 모아 축소하였는데 특히 중국 항주杭州 서호西湖를 모방하였다 한다. 치센 중앙 홍예교跨虹橋; 코코우쿄와 서호제방은 토쿄 고이시가와카이라쿠엔小石川後樂園 엔케츠바시円月橋 등과도 닮은 수법이라 한다. 슛케이엔 내부배치는 실제면적보다 커보이도록 각종 변화를 주어 축조하였기에 원로를 돌며 다양한 경관을 감상할 수 있다.

슛케이엔(縮景園) 정문(07.04.27)

정원 안내도. 치센회유식이며 세이후칸(清風館). 코코쿄(誇虹橋)가 중심이고 치센이름은 타쿠에이치(07.01.28)

소철원(07.04.27)

맹종죽과 새순(16.02.07)

새순이 나기 시작한 차나무(07.04.27)

밀끔하게 단장한 세이후칸(07.04.27)

녹나무의 새순이 곱다(07.04.27)

1945년 원폭피해 사진. 홍예다리는 무사했다(07.04.27)

슛케이엔 입구에 소나무가 열지어 방문객을 맞이한다 (07.01.28)

치센동쪽 큰 은행나무로 가는 길에 다리 셋이 연결되어 있음(07.01.28)

홍에다리와 학섬(07.01.28)

치센에 떠있는 거북섬 4형제. 치센에는 모두 10점의 거북, 학섬이 떠있다(07.01.28)

양귀비 석등(16.02.07)

거북섬과 초가정자(16.02.07)

자연석과 다듬은 돌로 만든 석등(16.02.07)

인공산인 게이키호(迎暉峰)(16.02.07)

양쪽 날개가 있어 학섬(16.02.07)

1945년 원폭피해를 입은 은행나무(16.02.07)

거북섬 등에서 쇠백로가 물속을 응시하고 있다 (16.02.07)

베르사이유궁전정원 모습. 분수에서 운하를 거쳐 숲지 적용된 비스타기법. 유a단아한 차정자(明月亭, 메이게츄테이)(16.02.07)럽 정형식 정원의 백미이다(09.07.14)

3단 폭포이다(16.02.07)

쓰하마를 조약돌로 가지런하게 덮었다(16.02.07)

다리가 강조된 석등(16.02.07)

붉은 다리와 놀잇배(16.02.07)

(4) 쿠마모토熊本 스이겐지 죠쥬엔水前寺 成取園

본 정원은 1632년에 조영된 모모야마桃山식 회유식 정원으로 큐슈九州 대표적인 다이묘 정원이다. 후지산 모양 축산특징을 가졌고 치센은 일본에서 가장 넓은 비와코琵琶湖를 축경하였다. 한다 국가지정 명승 및 사적으로 치센내 바위섬岩島 등이 아름다우며 전체면적은 6천1백㎡에 이른다 .

후지산 모양 축산(04.02.04)

연속된 축산과 소나무 경관(04.02.04)

후지산 축산에 소나무를 보태어 자연경관을 창출함 (04.02.04)

축산을 내려다 본 경관(04.02.04)

축산사이를 걸으면 심산유곡에 온 기분이다(04.02.04)

치센에 조영된 섬과 거목 해송(04.02.04)

치센에 여러 섬을 조영하여 아름다운 경관을 보여주고 있다(04.02.04)

치센 섬들과 물새들이 어울린다(04.02.04)

후지산과 비와코(琵琶湖) 축경. 후지산은 일본에서 가장 높은 산, 비와코는 가장 넓은 호수(04.02.04)

섬잣나무 노목(04.02.04)

(5) 토쿠시마德島 토쿠시마성德島城정원

본 정원 본래 명칭은 구 토쿠시마성 오모테고텐旧 德島城 表御殿정원이다. 카레산스이식과 치센회유식을 겸한 다이묘大名정원이다. 다이묘 연봉이 쌀 25만 7천 섬이었다하며 정원도 풍요롭다 역사적으로 사치스럽던 모모야마桃山시대 양식이라고 한다.

정원규모는 5,025㎡(약 1,520평)로 정원입구에서 바라보아 왼쪽 치센회유식, 오른쪽 카레산스이 회유식으로 자유롭게 정원내부를 관람할 수 있다. 먼저 카레산스이 정원에 들자면 거대한 돌다리 두점이 압도한다. 첫째 다리는 길이 10.5m, 13t 청석 돌다리이고, 둘째 다리는 길이 6m인 다듬은 돌다리로, 밑에 흐를 도도한 강물모습을 모래로 잘 표현하였다.

치센정원도 만만치 않다. 중앙 원로 입구를 징검돌로 만들었고, 이를 건너면 자연석 돌다리가 기다리고 있다. 자유롭게 다니면서 관람을 허락하여 주었으니 관람객은 이런 다리를 건널때 주의를 해야 하겠다 거북섬, 카레폭포, 석등, 돌수각, 음양석 등 아름다운 돌이거나 괴석들이 즐비하다.

특히 본 정원을 조영한 다이묘가 좋아했다던 소철 17주도 연륜이 더해져 거목 품위를 흑송들과 과시하고 있다. 모두 아름답다 눈이 호사하는 정원은 쿄토, 토쿄에만 있는 것이 아니다.

안내도(16.04.10)

왼쪽 길이 6m의 다듬은 돌다리, 오른쪽 길이 10.5m, 무게 13톤 녹니안 자연석 다리. 대표적인 카레산스이 정원(16.04.09)

길이 10.5m 자연석 다리로, 회유식정원이라 다리위를 걸을 수 있다(16.04.10)

바위섬에 살고 있는 아름다운 흑송(16.04.10)

카레산스이 정원 강과 계곡(16.04.10)

소철 17주가 살고 있다(16.04.10)

길이6m 다듬은 돌다리(16.04.10)

돌다리 끝에 충을 추고 있는 흑송이 석등을 안고 있음(16.04.10)

음양석(陰陽石)(16.04.10)

삼존석(三尊石)(16.04.10)

카레타키(枯瀧)에서 물이 흘러 치센으로 들어가는 것을 표현한 것으로 이상과 현실의 조합인 셈이다(16.04.10)

치센의 물흐름이 여의치 않아 녹조가 발생함(16.04.10)

축산 모습. 흑송밑에 카레폭포가 있는 것 같다(16.04.10)

기북섬. 기북등에시 흑송이 자라고 있다(16.04.10)

치센내 돌다리(16.04.10)

왼쪽 치센식, 오른쪽 카레산스이식(16.04.10)

5) 현대에 작정된 정원

(1) 토쿄 헤이세이平成정원

본 정원은 1932년 한 독지가가 공원용지로 토쿄시에 기부한 토지를 1950년 토쿄도가 에도가와江戸川구에 지상권 및 관리권을 이양하였다. 그후 에도가와구는 1972년 겐신안源心庵이라는 찻집을 짓고, 1989년 헤이세이平成정원을 개설하였다 한다. 정원 면적 15,720㎡이고, 겐신안 면적은 540㎡이라고 한다.

겐신안源心庵 앞쪽에 작은 회유식 카레산스이枯山水정원, 겐신안 뒤쪽에 치센이 중심인 치센회유식 정원이 조영되었다. 정원이 아담하며, 각종 정원요소–징검돌, 석등, 봉래도, 소나무, 능수벚나무, 치센, 데시마出島, 야리미즈쓰하마遣水州浜, 정자, 꽃창포원, 용문폭포 등을 볼 수가 있어 정원요소 학습장소이다.

일본정원은 절기, 날씨에 따라 다양한 경관이 연출된다 필자는 다행히도 에도가와구와 서울시립대 환경생태연구실과 자매결연을 계기로 지난 십 수년간(2003.2~2016.4)에 걸쳐 본 정원을 6번이나 방문하였다. 겨울 2회, 초봄 2회, 초여름 1회, 가을 1회를 방문하여 계절별로 아름다운 경관을 음미하였다. 정원면적에 비해 사진장수가 많은 것이 이런 이유이다.

정원 안내도. 치센면적이 정원의 절반정도이다(13.05.12)

정원 찻집(源心庵, 겐신안)정문 앞. 작은 카레산스이 정원. 잔설이 남아있고 유키츠리가 보인다(14.02.13)

가을 카레산스이 정원 표정. 섬잣나무가 돋보인다(15.11.24)

카레산스이 정원 파수꾼인 적송의 늠름한 모습(15.11.24)

잘 생긴 청석. 바위물결이 잔잔하여 산수화같으며, 바위가 솔잎위에 앉아 있다(14.02.13)

잘 디듬은 징검돌이 안정적이다(14.02.13)

유키츠리 옷을 걸친 소나무들과 겐신안이 잘 어울린다(11.02.19)

오월 싱그러움이 정원에서 묻어난다(13.05.12)

용문폭포(龍門瀑). 잉어석이 뚜렷하다(13.05.12)

치센에 월류댐이 있어 소리경관에 일조를 한다. 츠츠지정자 주변 신록이 장관이다(13.05.12)

유니시케(湧心池)에서 흘러내리는 야리미츠(遺水)위 나무다리(13.05.12)

야리미츠와 바위경관이 뛰어나다(13.05.12)

작약꽃이 만발하였다(13.05.12)

초봄 데시마와 쓰하마. 돌배치가 정연하고 소나무와 석등이 돋보인다(07.04.02)

초봄 치센 풍경(07.04.02)

1993년에 식재한 수양벚나무. 꽃이 만발하였다(07.04.02)

가을 겐신안과 치센경관(15.11.24)

츠츠치정자 주변 가을경관(15.11.24)

단풍든 철쭉이 가을경관을 돋보여 준다(15.11.24)

석등을 해오라기가 지키고 있다(16.04.04)

치센 초봄경관(16.04.04)

야리미츠를 메운 돌물개들(16.04.04)

(2) 토쿄 쇼와기념공원 일본정원昭和記念公園 日本庭園

국영國營 공원안에 조영된 일본정원이다. 국영공원은 국토건설성에서 조성하여 관리하는 공원으로 일본 전역에 16개소가 설치되어 있다(1998년 현재). 일본정원 면적은 6만㎡이고, 치센면적은 6천 3백㎡이다. 전통적인 정원기법으로 치센회유식을 조영하여 사계절 변화를 표현한 정원이다. 북쪽에 높이 30m에 이르는 인공산이 있다 북쪽과 동쪽에서 물이 치센으로 흘러들고 남쪽으로 빠진다.

정원 안내도, 치센 회유식정원(09.05.01)

노란꽃의 목단(09.05.01)

만병초도 꽃이 활짝 피었다(09.05.01)

맹종죽 죽순이 잘 자라고 있다(09.05.01)

치센 수변. 쓰하마(州兵)와 정자(清池軒, 세이케켄)(09.05.01)

치센 시쪽으로 흘러 나오는 물줄기(09.05.01)

놀잇배 정박소와 꽃이 만발한 철쭉(09.05.01)

야츠하시(八橋). 판자 8개로 연결된 다리(09.05.01)

수면에 비친 5월초 신록과 나무다리(09.05.01)

쓰하마의 아름다운 곡선과 암석 배치(15.12.02)

유키츠리(雪吊り)는 눈피해를 방제할뿐만 아니라 경관을 아름답게도 한다(15.12.02)

찻집 칸흐테이(歡楓亭) 모습(15.12.02)

돌수각 모습(15.12.02)

치센안에 여러 개 섬이 떠있다(15.12.02)

북쪽에서 유입되는 물은 3단 폭포를 거치는데 물소리가 아름답다(16.12.02)

치센 중앙인 나무다리에서 바라본 가을경관(15.12.02)

사잔카동백은 늦가을에 꽃핀다(15.12.02)

산단풍이 곱게 물들었다(15.12.02)

(3) 마쿠하리幕張 미하마엔美浜園

1990년대에 지바千葉현 마쿠하리에 건설한 신도시지역으로 71만 9천m^2 면적이 카히인海浜공원인데, 이중 1만 6천m^2가 미하마엔美浜園이다. 치센회유식 정원으로서 야리미츠遺水를 강, 치센을 바다, 수목 식재지를 숲으로 표현했다한다.

치센은 상, 하부로 나뉘는데 상부치센은 정원밖에 있는 작은 규모이며, 하부치센은 면적이 2천 8백m^2로서 본 정원은 하부치센을 중심으로하는 치센회유식이다 다실 쇼라이데이松籟亭을 중심으로 치센이 펼쳐 있다.

상부치센에서 하부치센에 이르는 물길은 야리미츠遺水, 쿄크스이曲水기교를 마음껏 발휘하여 훌륭한 정원요소가 되었다. 치센에는 거북섬, 학섬, 데시마, 쓰하마, 나무다리, 9기 석등이 배치되었고, 곳곳에 잘 키운 해송이 운치를 더해 준다

두 치센이 아름다운 야리미츠로 연결되어 있다(15.11.24)

상부치센. 큰돌이 치센을 에워 싸고 있고, 이물이 하부치센으로 흘러간다(15.11.24)

꽃등. 소학교 어린이들 그림으로 등을 만들었다(15.11.24)

상부 치센물이 야리미츠(遺水) 쿄크스이를 따라 흐르고 있다(15.11.24)

상부와 하부 치센지역은 대나무담으로 나뉘어 있다(15.11.24)

찻집. 쇼라이테이(松籟亭). 마치 서원조계 건물같다(15.11.24)

하부 치센전경. 데시마가 거북섬과 마주하고 있다(15.11.24)

아름다운 치센경관(15.11.24)

다듬은 돌로 만든 다리(15.11.24)

하부치센으로 흘러드는 야리미즈(15.11.24)

두 다리가 보이고, 다리곁에 학섬이 떠 있다(15.11.24)

공작단풍 동네(15.11.24)

해송을 아름답게 키웠다(15.11.24)

둥근 나무다리 주변 소나무 경관(15.11.24)

잘 다듬은 돌로 조성한 쓰하마(15.11.24)

발이 넷인 석등(15.11.24)

서호제방(西湖堤) 축소판(15.11.24)

치센 오른쪽에 학섬이 떠있다. 학섬은 입석이 날개를 표현한다(15.11.24)

오리배(織部)석등. 하단부에 마리아상이 있다(15.11.24)

용문폭포. 잉어상이 뚜렷하다(15.11.24)

(4) 히로시마廣島 산케이엔三景園

히로시마 공항 개항기념으로 1993년에 조영되었으며 면적은 6만㎡에 이른다. 축산築山치센회유식으로, 전형적인 일본정원 작정수법으로 조영되었다. 미야지마宮島를 연상케하는 정원이다. 입구에 나무데크로 데시마出島를 표현하였고, 치센은 히로시마를 끼고 있는 국립공원지역인 세토나이카이瀨戶內海를 나타낸다고 한다.

정원을 산, 마을, 바다 세 풍경으로 나타냈다하여 산케이엔三景園이라고 명칭을 정하였단다. 약 7천톤 자연석과 공항 신축공사에서 나온 돌을 사용하였고, 많은 수목도 공사 현장에서 이식하였다고 한다.

정원 안내도(16.02.06)

초켄테이(潮見亭)을 거쳐야 정원에 들 수 있다(07.01.27)

미야지마(宮島) 양식을 본떠 나무데크로 데시마를 조성. 도리대신 석등을 세웠다(07.04.27)

정원 삼경중 하나인 삼림경관. 삼나무들이 자연경관과 정원경관을 나누고 있다(07.04.27)

봄신록에 파묻힌 칸케츄테이(觀月亭). 이곳은 산중턱이라 달이 잘 보일 것이다(07.04.27)

정원전경. 치센은 히로시마 남쪽 아름다운 바다인 세토나이카이(瀨戶內海)에 해당. 학 한마리가 바다를 건넌다(07.04.27)

능수벚나무의 우아한 자태(07.04.27)

맹종죽숲속에 새 생명체가 자라나고 있다(07.04.27)

용문폭포(07.04.27)

목단꽃이 탐스럽다(07.04.27)

홍에나무다리 인근 삼림경관. 고나라(졸참나무)가 주를 이룬다(07.04.27)

큰거북이가 떼지어 나타났다(07.01.27)

사잔카동백 수벽(07.01.27)

칸케츄테이(觀月亭)(07.01.27)

바위로 조영된 야리미츠(07.01.27)

학섬(07.01.27)

1월말이지만 매화꽃이 피었다16.01.27)

대나무숲과 거북섬(16.01.27)

칸케츄테이에서 바라본 정원경관. 치센중앙에 5개 다리가 장관이다. (16.01.27)

놀잇배 계류장(16.01.27)

우람한 흙다리와 징검돌(16.01.27)

다리주변 해송들(16.01.27)

4. 세계 1001개 선정정원중 일본국내정원

일본정원을 일본인이 아닌 다른 나라 사람들은 어느 정원을 좋아하는지가 궁금하였다 문헌중 2007년에 London의 Cassell 서적사에서 출판한 「당신이 죽기전 보아야할 세계정원 1001개소1001 Gardens-You must see before die-」에 소개된 일본국내 정원은 29개소이었다 29개소중 다른 항목에서 소개하였거나, 소개할 정원을 제외하고 본 항목에서는 8개소를 소개한다. 유럽인 시각인지라 서양정원은 많이 소개되었으나 동양쪽에 대해서는 인색하다. 우리나라는 단 2개소 창덕궁후원과 천리포수목원이다 정말 그럴까, 곱씹어 볼 대목이다.

1) 쿄토 엔츠지円通寺정원

차경借景정원으로 슈카쿠인리큐修學院離宮정원을 작정한 상왕이 나이들어 별장을 이곳에 짓고 정원을 1639년에 조영한 것이라 한다. 히에이잔比叡山을 차경으로 하였는데 정원 경계에 수벽을 조성하고 수벽뒤에 큰 삼나무가 자라고 있다. 큰 나무가 액자 좌우 틀, 큰 나무 맨 아래가지가 액자 상부, 수벽이 액자 하부로 하는 히에이잔 액자인 셈이다.

정원은 큰 돌 2점, 작은 돌 45점을 3렬로 배치한 후기식 카레산스이 정원으로 방장 툇마루에 앉아 감상하는 정원이다. 돌배치에서 크기는 왼쪽 큰 돌, 오른쪽으로 갈 수록 작은 돌을, 돌 숫자도 왼쪽에서 오른쪽으로 갈 수록 적게 놓아 원근법을 이용, 물 흐름을 표현하였다고 한다. 방장 툇마루에 앉아 세밀하게 관찰해야 정원 맥락을 이해할 수 있다.

차경 액자 역활을 하는 교목은 삼나무, 편백이 위주이고 나이는 100~150년 정도이며, 흉고직경 70~80cm 에 달한다. 본 정원에서 히에이잔까지 6km 정도이다 사바세계 정원에서 히에이잔을 향해 나가는 돌고래나 군사, 혹은 농민들 모습으로 45개 돌을 생각할 수 있다고 한다 장방형 정원에 솔이끼가 깔려 있고, 새소리와 얼굴을 스치는 바람으로 잠시나마 선경 세계에 빠져들 수도 있다. 국가지정 명승名勝이라고 한다. 흔히들 모래와 돌만 배치한 료안지龍安寺정원과 비교한다고 하며, 면적은 약 1천㎡이라 한다.

엔츠지(円通寺) 입구(15.10.03)

감상식 카레산스이 정원. 쿄토 주산 히에이이산을 차경으로 하였다. 삼나무와 수벽 등의 액자에 산이 들어있는 경관이라 함(15.10.03)

돌배치 모습(15.10.03)

정원에 큰 돌 2개, 작은 돌 45개를 배치. 돌은 3렬로 왼쪽에서 오른쪽으로 갈수록 돌 크기와 수가 작아지는데 물흐름 표현방법이라 함(15.10.03)

처마밑 돌수각(15.10.03)

2) 쿄토 쇼덴지正伝寺정원

1282년에 쿄토에 쇼덴지正伝寺를 건축하였지만 1634년에 쿄토 외곽인 이곳으로 건물을 옮겼으며 이때에 정원도 조영하였다 한다. 모래밭에 돌대신 철쭉 종류인 사츠키와 동백나무를 전정하여 세그룹으로 나누어 각각 3, 5, 7주를 심은 형태이다 카레산스이 정원이며 히에이잔比叡山을 차경으로한 것인데 경제적 이유로 좋은 정원석 사용이 불가능하여 관목을 사용한 것이라 한다.

담담하고 멋스런 품격을 갖춘 선사禪寺정원으로 면적은 2백㎡이다. 방장 툇마루에 앉아 히에이잔을 차경으로 하는 정원을 감상할 수 있다. 정원 세그룹 식물식재는 사자가 바다를 건너는 것을 형상화하였다니 관람자 상상세계가 이를 받아 들일 수 있어야 하는데... 일설에 의하면 코보리엔슈小堀遠州작품이라고도 한다.

쇼덴지 입구 삼나무 가로수(15.10.03)

흰 모래밭에 돌 대신 전정한 철쭉과 동백나무로 왼쪽에서 오른쪽으로 3, 5, 7로 배치하였다(15.10.03))

모래밭은 파도치는 바다를 표현하였고, 멀리 보이는 히에이잔(比叡山)을 차경으로 하였다(15.10.03)

히에이잔 모습. 교토 주산이다(15.10.03)

정원 왼쪽 삼나무와 편백 조림지는 줄기를 베어내어 히에이잔 연봉이 보이게 하였다(15.10.03)

3) 교토 코다이지高台寺정원(29)

사찰은 1606년에 개창開創하였다 하니, 정원은 그 이후에 조영하였을 것이다. 정원은 2개소로 나눌 수 있다. 방장方丈 남쪽에 넓은 카레산스이식 정원이 있고, 두개 치센으로 동쪽에 카료치臥龍池, 서쪽에 엔게츠치偃月池를 중심으로한 치센회유식 정원이 있다. 후자는 코보리엔슈小堀遠州 작품으로 알려져 있다

차정자가 초가지붕으로 매우 고즈넉한데 두 군데에서 볼 수 있다. 하나는 이호안遺芳庵, 다른 하나는 카사테이傘亭와 시구레데이時雨亭인데 후자는 한 지역에 두채 차정자가 연결되어 있다.

방장 오른쪽 능수벚나무는 수형이 아름다운데 2005년 4월 5일 밤에 방문하였을때 야간조명으로 보이는 나무는 정말 미인 모습이었다. 방장앞 카레산스이 정원은 1619년 사원법 개정이전에는 불교행사를 충분히 진행하였을 공간이다 현재는 망망대해로 이미지가 바뀌었다.

코다이지 중문. 삼림은 상록활엽수가 안정상태를 이루고 있다(05.04.05)

코다이지 전경도. 방장정원이 카레산스이식이고, 나머지 공간은 회유식이다(15.10.01)

독특한 탑이다(05.04.05)

초가정자들이 눈을 즐겁게 한다(05.04.05)

시쿠레테이(時雨亭)는 초가지붕이다(05.04.05)

가료로우(臥龍廊)과 가료로우못(05.04.05)

꽃이 만발한 능수벚나무가 야간조명에 자태를 뽐내고 있다(05.04.05)

노령 벚나무 야간 모습(05.04.05)

이호우안(遺芳庵)의 단아한 모습(15.10.01)

카레천(枯川) 주변에 돌다리, 돌수각, 석등, 암석이 배치되었다(15.10.01)

방장 전면 카레산스이 정원. 봉래산이 바다에 떠있다(15.10.01)

축산과 큰 돌 배치(15.10.01)

이끼 동네(15.10.01)

맹종죽 동네(15.10.01)

4) 쿄토 산젠인三千院정원

선젠인三千院은 쿄토 북쪽 산지에 형성된 오하라大原 마을에 위치한다. 오하라일대는 약 천년 전부터 고승이 불경을 독특한 선율에 붙여 창으로 하는 소리인 불교음악 발생지라 한다.

쿄토역 버스승강장에서 오하라행 버스를 타고 50분간을 달리면 도착되며, 추가요금도 지불해야 한다. 정원을 품고 있는 사찰이 세 곳이지만 모두 이웃하고 있어 쉽게 세 정원을 감상할 수 있다. 2005년 4월 7일에 오하라지구를 방문했을 때 천년 역사를 말해주는 이끼가 덮고 있는 개울 물소리는 탐방객 심장을 요동치게 하였다.

산젠인은 서기 800년경에 창건되었고, 정원은 치센감상식인 슈헤키엔聚碧園과 삼나무 숲속을 회유하는 유세이엔有淸園을 감상할 수 있다. 슈헤키엔은 객전에서 물소리를 들으며 이끼 덮힌 석등에서 고색창연함을 맛볼 수 있다. 유세이엔은 시원스레 자란 삼나무들은 60~70년생으로 흉고직경 80~100cm, 수고 25m에 이르는 큰 나무들이다. 이들 삼나무 숲에서 물길을 따라 흐르는 물소리, 숲속 이끼카페트, 석등 분위기에서 혼자만의 내면 세계를 다녀올 수도 있다 정원면적은 5천m²이다.

교토 오하라(大原)는 교토 북쪽 산간 마을로 유료정원 3곳은 이웃집임(05.04.07)

후단자쿠라(不斷桜)품종은 꽃이 10~3월에 핀다 (05.04.07)

산젠인(三千院) 대문(15.10.02)

하단부 슈헤키엔(聚碧園)은 감상식 카레산스이식 정원임, 나머지 공간은 회유식(05.04.07)

슈헤키엔은 객전 툇마루에서 감상할 수 있는 카레산스이 정원(05.04.07)

곱디 고운 이끼가 넓은 면적에 자라고 있는 것이 특싱 (05.04.07)

만병초가 개화되기 시작했다(05.04.07)

산에서 내려오는 야리미츠, 고색창연한 석등, 돌다리가 잘 어울린다(05.04.07)

돌부처가 인생무상을 일러준다(15.04.17)

수국에게는 이제사 봄소식이 전해졌구나(15.04.17)

삼나무숲속에서 많은 보살들이 선을 하고 있다(15.04.17)

이끼로 덮힌 물길은 고즈넉하다(15.04.17)

자연석으로 조영된 석등(15.10.02)

삼나무마다 고깔모자를 쓰고 있다(15.10.02)

5) 쿄토 콘치인金地院)정원

대표적인 학구정원鶴龜庭園으로 이보다 뚜렷한 삼존석, 학섬, 거북섬 예는 다른 정원에서 더 이상 찾아 보기 어려울 것 같다. 전면 모래밭은 바다, 바다건너 구릉은 봉래산으로 동에 거북섬, 서에 학섬이 대칭으로 마주하고 있다.

1632년 코보리엔슈小堀遠州가 작정하였으며 관상식, 후기식 카레산스이 정원이며 정원 전체면적은 11만 3천㎡로 도쵸궁東照宮까지 포함된 면적일게다 학구섬에서 학머리바위, 날개바위 구성이 훌륭하며, 뚜렷한 학섬과 거북섬 대칭이 본 정원 특징으로 아름답다고 한다 .

정원 안내도. 학구봉래정원으로 이 도면에서 삼존석, 거북섬, 학섬, 혼배석 위치를 파악하는 것이 좋다(14.11.20)

방장입구(14.11.20)

도쵸궁 가는 원로. 수림이 울창하다(14.11.20)

1629년 조영되었다는 도쵸궁(14.11.20)

콘치인 카레산스이 정원. 바다 저편에 봉래산. 산자락에 삼존석, 예배석, 좌측 거북섬, 우측 학섬이 조영(14.11.20)

삼존석(三尊石), 석등, 두점의 거석(14.11.20)

학섬. 왼쪽 학머리. 입석이 학날개이고, 등에 소나무가 자라고 있다(14.11.20)

거북섬. 오른쪽이 거북머리, 앞쪽 두개돌이 다리. 등에 고사직전 향나무가 서 있음(14.11.20)

원내 적송들. 키가 작다(14.11.20)

사바세계에서 신선세계를 바라보고 있다(14.11.20)

6) 코베神戸 누노비키허브원布引ハーブ園

코베 누노비키허브원이 1001세계정원에 추천된 것을 과거에 필자는 몰랐었다. 세번 다녀왔지만 시기가 2003년, 2005년, 2007년으로 옛 정보뿐이다. 코베神戸시는 오사카大阪와 이웃하며 오사카 서쪽에 위치한다. 코베는 효고兵庫현에 속하며 남쪽은 바다, 북쪽은 록코산六甲山; 931m연봉으로 둘러 싸여있어 경사지에 발달된 도시이다. 도시가 뻗어 나가는데 한계를 느껴 바다를 매립하여 두 인공섬을 조성하여 상업, 주택지구를 1960년대에 조성하였으나 1975년 대지진으로 엄청난 재해를 입게 되지만, 현재는 완전히 복구되었다.

허브원은 누노비키야마布引山 기슭에 조성하여 곤돌라가 허브원 상공을 운행한다. 허브원은 서양식 정원으로 허브식물, 키친가든 식물(서양식 개념으로 요리에 사용되는 야채, 과실나무 등)을 주로 식재하였고, 온실 4채에 아열대 식물을 많이 식재, 전시하고 있다 여름철에 허브원 식물들이 아름다움을 과시하여 좋은 탐방계절이다.

누노비키허브원은 곤돌라를 타고 오를 수가 있어 내려다 보는 경관이 아름답다(08.05.12)

온실들과 낙엽활엽수 오월 신록(08.05.12)

아기가 꽃바구니를 들고 환영한다(08.05.12)

가장 높은 곳에 위치한 테라스하우스. 실내는 말린 허브식물을 전시, 판매중(08.05.12)

아스파라가스 등 야채식물이 자라고 있는 키친가든(08.05.12)

라벤다 등 향기식물 식재지(08.05.12)

유채꽃, 강낭콩, 근대 등 야채로 사용되는 식물로 구성된 키친가든(08.05.12)

온실하우스입구(08.05.12)

온실하우스 입구 장식(08.05.12)

온실내부에는 고사리나무(오키나와 원산)등 아열대식물이 자라고 있다(08.05.12)

모자 청동상과 꽃장식(08.05.12)

데니무에 붙어 살고 있는 기생식물(08.05.12)

암석원. 건조한 지역에 자라는 식물을 모아 식재하였다 (08.05.12)

바람의 언덕 형상물과 라벤다 식재지(08.05.12)

향나무로 조영한 거대한 수벽(08.05.12)

허브원에서 내려다 보이는 인공섬 로코아일랜드와 고베 시가지(08.05.12)

루핀. 루핀은 본래 여름꽃이다(05.03.29)

크리스마스때 꽃핀다는 유럽 원산 크리스마스로즈 (05.03.29)

봄꽃의 계단화단(05.03.29)

허브식물 전시원 1 (03.12.01)

허브식물 전시원 2(13.12.01)

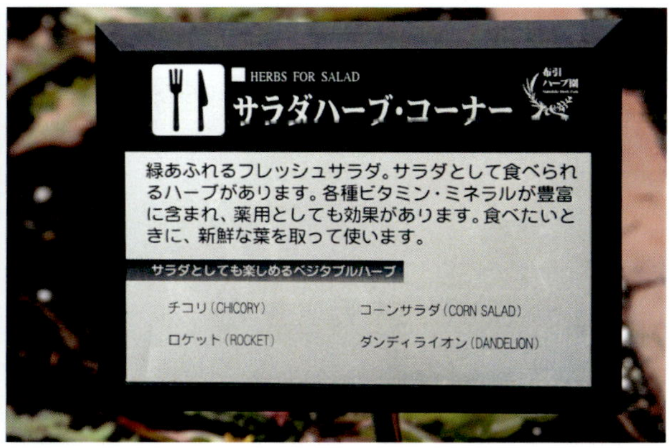

샐러드에 사용하는 허브식물 안내문(03.12.01)

샐러드에 사용하는 허브식물 전시원(03.12.01)

바람의 언덕 표지판. 깔끔하고 신뜻하다(03.12.01)

7) 토쿄 히카시교엔皇居東御苑

왕실 부속정원으로 일반인에게 공개하는 장소이다. 본 정원은 1961년 착공, 1968년에 완공되어 공개하기 시작하였다. 전통적인 옛 과일원종들을 모아 전시하는 곳도 있다. 고품종과수원, 야생장미원, 30종의 벚나무원, 매화원, 대나무원 등을 볼 수 있다. 필자는 생태학 공부를 하기에 가장 인상 깊었던 지역은 잡목림雜木林을 재현한 공간이었다. 130여개소 정원을 답사하였지만 잡목림을 재현한 곳은 이 지역과 유후인由布院 타마노유玉の湯여관 뿐이었다.

본 지역 잡목림은 도시근교 개발위기로 사라질 숲을 1983년부터 3회에 걸쳐 수목, 아울러 나무뿌리와 식물종자가 들어 있는 토양까지 옮겨 왔다. 자연적으로 토양속 곤충애벌레, 번데기, 토양생물이 함께 옮겨져 불완전하지만 삼림생태계를 이식한 셈이다.

잡목림은 일본 마을 뒷산인 사토야마里山 개념으로 옛부터 땔감, 사료, 퇴비, 도토리, 목재 등을 얻기위해 조성, 관리되어온 전통성이 강한 숲이다. 일본도 도시외곽숲이 계속 개발되어 이런 잡목림이 사라지고 있다. 잡목림이 사라진다는 것은 일본 고유 마을 경관이 사라지는 것으로 뜻 있는 사람들은 복원, 보호에 관심을 기울리고 있다.

어원 동쪽에 니노마루二の丸정원이 위치하며 코보리엔슈小堀遠州 작품인데, 사라졌던 정원을 남아 있던 그림도면으로 복원하였다고 한다. 치센 가까이에 84종이 모여있는 꽃창포원이 있다. 본 정원 휴원일은 월요일, 금요일이므로 참고해야 하겠다.

안내도. 연한 녹색 지역이 공개지역. 주출입구는 오테몬(大手門)(15.04.15)

녹나무 위세(15.04.15)

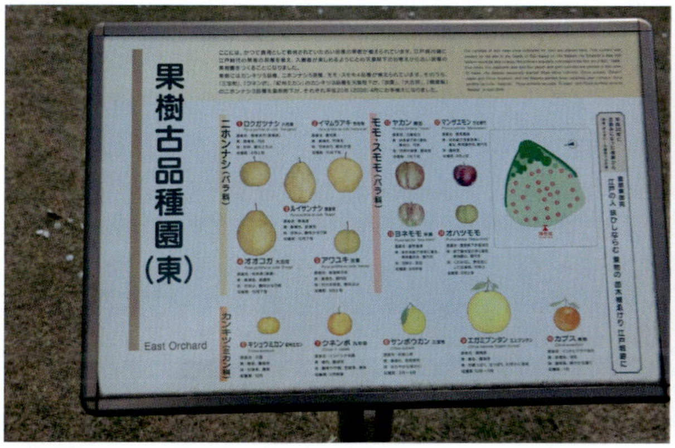

일본 과수 전통품종 식재지. 배, 복숭아, 귤 등 품종이다(15.04.15)

거목들 벨트림이다(15.04.15)

꽃잎이 크고, 연한 녹색인 우콘이라는 벚나무 품종(15.04.15)

거대한 녹나무 뿌라목. 약 300년정도 나무임(15.04.15)

만개한 만병초꽃(15.04.15)

녹니무, 벚니무, 노무라(野村)딘풍 풍경화(15.04.15)

줄기띠가 독특한 대나무. 킷코우치쿠라는 품종이다 (15.04.15)

죽순이 두터운 외투를 입고 있다(15.04.15)

겹벚꽃철이다(15.04.15)

용이 기어간다. 전정한 철쭉군으로 꽃이 피면 장관일게다 (15.04.15)

해송수형. 용맹스러운데, 일본에서는 해송을 남자송이라고 한다(15.04.15)

굴거리나무와 단풍나무(15.04.15)

굴거리나무 새순과 꽃봉오리(15.04.15)

잡목림(雜木林)이라 부르는 고나라(졸참나무)숲(15.04.15)

잡목림 관목수종인 철쭉류 개화모습(15.04.15)

잡목림내 소나무와 졸참나무 수관층 모습(15.04.15)

소나무와 졸참나무가 잡목림 주수종이다(15.04.15)

잡목림 조성방법 설명판. 개발로 훼손될 숲을 나무, 초본, 토양까지 이식하여 숲생태계 전체를 이식한 것임(15.04.15)

느티나무 거목동네(15.04.15)

치센회유식 니노마루정원(二の丸庭園)(15.04.15)

치센정원내에 폭포가 조영되어 있다(15.04.15)

치센내 꽃창포원(15.04.15)

이외에 추천된 정원은 미토水戸 카이라쿠엔階樂園, 오카야마岡山 카이라쿠엔後樂園, 카나자와金澤 켄로쿠엔兼六園, 쿄토京都 카츠라리큐桂離宮정원, 쿄토 슈카쿠인리큐修學院籬宮정원, 쿄토 사이호지西芳寺정원, 쿄토 텐류지天龍寺정원, 쿄토 킨카쿠지金閣寺정원, 쿄토 긴카쿠지銀閣寺정원, 쿄토 료안지龍安寺정원, 쿄토 다이호쿠지 다이센인大德寺 大仙院정원, 쿄토 토후쿠지 혼보정원東福寺 本坊庭園, 쿄토 뵤도인平等院정원, 쿠마모토熊本 슈이렌지 죠쥬엔水前寺 成取園, 요나고米子 아다치미술관足立美術館정원 등이다.

5. 미국일본정원학회 추천상위랭킹 정원

일본정원 아름다움을 세계에 소개할 목적으로 SUKIYA LIVING MAGAZINE The Journal of Japanese Gaden이 1999년 창간되어 영어권 중심으로 37개 국민이 구독한다고 한다.

이 학회는 매년 일본내 정원을 규모나 지명도와 관계없이 아름다움과 질을 평가하는데, 각 미디어 업계평가를 베이스로 한다고 한다. 2014년이 12회째인데 여관이나 별장정원까지 포함하여 9백개 후보지를 전세계 전문가들이 평가하여 일본정원 랭킹 상위 5%인 50개 정원을 순서별로 발표한다. 특이한 것은 요나고米子 아다치미술관足立美術館정원이 12년째 1위라는 것이다. 50개 정원중 방문 가능한 정원을 소개하려 한다.

1) 요나고米子 아다치미술관足立美術館정원

미국일본정원학회에서 추천한 정원 중 2003년부터 12년간 연속 1위 랭킹을 차지한 정원이다. 면적이 16만 5천㎡으로 평지에 조성한 광대한 정원이다. 창설자는 아다치젠코足立全康; 1899~1990라는 조각가로 1970년 11월 미술관 개장을 하였고, 1968년에 정원을 조성하였다. 한다 이후 확장하여 1984년에 현재와 같은 모습에 이르렀다고 한다.

정원은 카레산스이정원枯山水庭, 하쿠사세이쇼우白沙青松정원, 이케정원池庭, 이끼정원苔庭으로 나누는데 정원별로 특색있게 조영되었다. 이 지방 산勝山; 252m, 京羅木山; 473m연봉들을 차경으로 끌어들여 정원과 연계시켰는데 결국 정원 범위를 확장시킨 것이다. 정원위치가 이상적인 지역이다. 특히 정원 오른쪽 인공폭포는 뒷산에 조영했는데, 뒷산은 하천, 도로, 농경지 너머에 있는 산임에도 불구하고 정원내로 끌어 들인 것이다.

광대한 면적에 흑송남자 소나무; 해송과 적송여자 소나무; 육송으로 나누어 잘 생긴 소나무를 위주로 식재하였다. 많은 거석, 넓은 모래밭과 잔디밭, 이끼피복지, 치센, 돌다리 등 정원요소를 잘 배치한 정원이다. 랭킹 1위를 12년간 고수한 것을 어느때, 어느 정원이 빼앗아 갈지 관심이 클 수밖에 없다. 사족 한 마디. 정원 입장료가 다른 정원에 비하여 비싼데, 외국인은 여권을 보여주면 절반만 받으니 참고할 일이다.

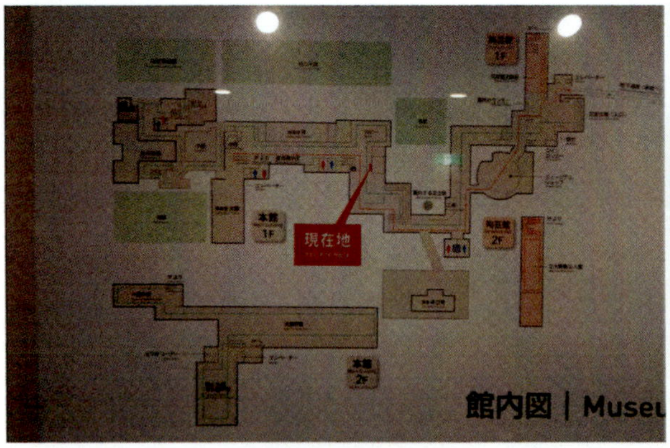

정원 안내도. 크게 4개정원 즉 카레산스이정원, 백사청송정원, 치센정원, 이끼정원으로 나뉜다(16.04.25)

미송(美松), 철쭉류, 거석 등이 주요 정원요소이다. 아울러 외곽산과 정원 경관이 자연스럽게 연결되어 거대한 정원을 이루고 있다(16.04.25)

돌다리 길이가 상당하다. 흰 모래밭은 드넓은 바다이다(16.04.25)

정원 창시자 동상과 2003년부터 12년간 일본 정원 제 1위로 추천되었다는 표석으로 대단한 정원이다(16.04.25)

개구장이 소년상(16.04.25)

차정자, 홍예다리, 두장 판석의 돌다리, 계류, 거석이 어울러진 지역. 철쭉 거북들이 물로 향하고 있다(16.04.25)

카레계곡으로 심산유곡을 표현. 계곡을 흘러내린 물은 바다로 향한다(16.04.25)

카레폭포 뒤로 고나라숲이 자연스럽게 정원이 연장된다(16.04.25)

돌수각과 징검돌(16.04.25)

치센정원 일부. 오른쪽에 줄기가 여럿인 다지송 보이는데, 한 폭의 그림이다(16.04.25)

치센정원 차정자를 두러싼 소나무와 산의 솔잠나누림이 대조를 이룬다(16.04.25)

백사청송정원 안내도, 치센 우측 해송(흑송), 좌측 적송이고, 사츠키 철쭉은 5월중순~6월초에 꽃핀다함(16.04.25)

석등 옆에 흑송, 바위뒤에 사츠키가 보임(16.04.25)

정원돌이 청석인데 크기가 엄청나다(16.04.25)

각양각색의 징검돌들(16.04.25)

맹종죽순이 모래땅에서 솟아나고 있다(16.04.25)

이끼정원 안내도(16.04.25)

이끼정원 모습. 쓰하마곡선이 아름답다(16.04.25)

강물이 바다로 든다(16.04.25)

사츠키경관을 감상하려 찾았지만, 시기가 이른것 같다(17.05.29)

소나무뒤로 꽃핀 사츠키가 숨어 있다(17.05.29)

수줍은듯 꽃얼굴을 살짝 내민 사츠키(17.05.29)

5월말 사츠키꽃은 이정도이다(17.05.29)

창을 이용한 액자정원(17.05.29)

강물이 바다로 든다(16.04.25)

주목들을 잘 가꾸었다(16.04.25)

정원뒤로 나오면 도로, 하천을 볼 수 있다(16.04.25)

정원내에서 바라 보이던 인공폭포. 정원밖에서는 완전히 별개 공간이다(16.04.25)

2) 쿄토 헤이안호텔平安 HOTEL정원

헤이안 호텔은 쿄토고쇼京都御所숲 중간 서쪽문 길 건너에 위치한다. 호텔 사적인 공간이지만 데스크에 문의하면 친절하게 정원입구를 가르켜 주고, 정원 입구에는 정원안내 리플렛까지 비치되어 있어 편안하게 관람할 수 있다.

정원 면적은 1,650㎡(약 500평)이며 치센회유식으로 에도시대 후기 귀족가옥 부지정원으로 조성되었다. 1922년에 유명한 정원가 오가와치지헤이小川治兵衛;1860~1933가 개수하였고, 1980년 호텔로 개조시 정원도 재개수하였다고 한다 2014년 미국일본정원학회 추천 랭킹 4위 정원이다.

면적은 넓지 않으나 48종 식물이름이 리플렛에 올라있다. 거목 은행나무이외에도 팽나무, 감탕나무, 산단풍, 철쭉종류인 사츠키 등이 심겨 있다. 쿄토산 안마석이외에도 많은 돌이 배치되어 있다. 석등과 철등 모두 15기나 배치되어 있다 느릅나무 거목은 흉고직경 100cm, 수고 15m에 달한다.

안내 리플렛. 치센회유식. 수종별로 단풍 색갈을 다르게 표현하였다(15.10.01)

정원 전경. 작지 않은 규모다(15.10.01)

치센내 돌다리, 바위섬, 징검돌, 석등, 모두가 짜임새가 있다(15.10.01)

치센과 비단잉어, 차정자, 유키미(雪見)석등.(15.01.01)

치센으로 흘러드는 야리미츠(遣水)모습(15.10.01)

외부물을 끌어 들이는기법으로 용천수(龍泉水)방법을 사용(15.10.01)

돌수각(15.10.01)

철로 만든 등(15.10.01)

징검돌이 앙징맞다(15.10.01)

차정자(15.10.01)

폭포(15.10.01)

오층 석탑(15.10.01)

3) 나라奈良 이스이엔依水園

두 개 치센회유식 정원으로 구성되어 있으며 총면적은 1만 1천㎡에 이른다. 앞정원前庭은 에도시대 전기인 1670년대, 뒷정원後庭은 1800년대 말에 조영된 것으로 알려져 있다. 앞정원은 주변과 단절되어 있고, 뒷정원은 토쿠후지東大寺와 산의 차경까지 끌어 들였다 뒷정원은 잔디공간이 있으며, 축산까지 곁들인 정원이다. 아울러 작은 폭포에서 흘러 내린 물이 완만한 실개울을 흐르는 소리는 정원풍경중 하나라고 한다.

지금까지 다른 정원에서 보기 힘들었던 비자나무 거목(흉고직경 80cm, 수고 12m)이 눈에 띈다. 2014년 미국일본정원학회 선정 랭킹이 6위에 해당하는 정원이다.

정원 안내판. 전정원과 후정원으로 나뉘며, 전정원은 1670년대, 후정원은 1800년대말에 작정되었다(15.09.30)

데시마 석등(15.09.30)

전정 전경. 지천회유식이다(15.09.30)

돌다리위에 출입하지 말라는 세키모리이시(關守石)가 놓여 있다(15.09.30)

초가지붕의 차정자(15.09.30)

징검돌과 디딤돌. 가운데 징검돌이 맷돌모양이다(15.09.30)

후정원 전경. 잔디 깔린 지천회유식에 토쿠다이지(東大寺) 남문과 산을 차경으로 하였다(15.09.30)

이스이엔(依水園) 돌표지판(15.09.30)

후정원 치센과 차정자(15.09.30)

후정원의 용문폭포. 작은 잉어가 뛰어 오르고 있다(15.09.30)

지피식생은 역시 이끼가 뛰어나다(15.09.30)

치센과 잔디밭 그리고 울창한 수림(15.09.30)

징검돌이 맷돌 형태이다(15.09.30)

다른지역 시찰철기때 가져왔다는 추춧돌(15.09.30)

4) 쿄토 무린안無鄰菴정원

정원면적은 3,135㎡이며, 건물이 1896년에 건축되었다. 하니 정원은 그 후에 작정되었을 것이다. 작정자는 헤이안호텔정원과 마찬가지로 오가와치지헤이小川治兵衛; 1860~1933라고 한다 1941년 쿄토시에 기부하였다

쿄토 히카시야마東山 경관을 차경하였고 비와코琵琶湖로부터 물을 끌어 들여 계류를 만들어 자연정원을 만들었다. 반면에 잔디공간을 넓게 만들어 개방적인 정원조성은 서양정원수법이 동원된 것이라는 견해도 있다. 숨겨진 돌伏石 기법을 적용하여 전체 경관모습을 부드럽게 한 탁월한 수법정원이라고도 한다. 1870년대 이전에는 일본정원에서 이런 기법을 볼 수 없다고 한다.

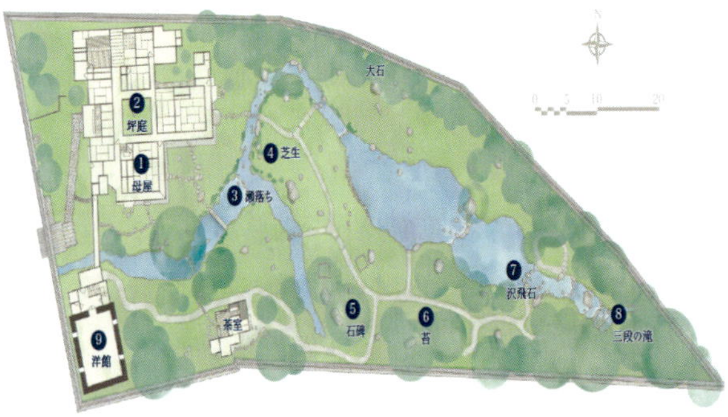

정원 안내도. 쿄토 히카시야마(東山)를 차경으로 한 치센회유식 정원(15.10.01)

고색창연한 석등(15.10.01)

돌다리 길이가 상당하다(15.10.01)

정원에서 보이는 주택 모습(15.10.01)

각종 이끼(15.10.01)

정원 원로 양옆은 이끼가 지피식물이다(15.10.01)

치센너머로 보이는 물길과 주택(15.10.01)

3단 용문폭포(15.10.01)

차정자안 징검돌(15.10.01)

석등과 돌수각(15.10.01)

잔디밭과 히카시야마가 정원을 넓게 해준다(15.10.01)

차정자안에서 내다본 정원(15.10.01)

5) 다카하시高梁 라이큐지賴久寺정원

사찰 창건시기는 기록이 없고, 1339년에 재건되었으며 정원은 코보리엔슈小堀遠州; 1579~1647가 작정한 걸작중 하나인 정원이라고 한다. 1971년 국가지정 명승名勝으로 지정되었다. 학구정원鶴龜庭園으로 학과 거북섬이 구체적으로 조영된 조화로운 정원이라고 한다. 서원 왼쪽 산자락에 강하게 전정한 사츠키집단은 푸른바다 파도를 상징한다.

라이큐지(賴久寺) 정문(16.02.12)

둥근 창으로 보이는 정원일부(16.02.12)

한구석에 썬큰가든이 위치한다(16.02.12)

정원전체 파노라마 사진. 바다를 표현한 모래밭과 신선이 밟고 다닌다는 징검돌이 두드러져 보인다(16.02.12)

강하게 전정한 철쭉은 푸른바다 파도를 나타낸다고 함(16.02.12)

정원 안쪽에 학섬이 보인다. 입석이 학을상징(16.02.12)

징면에 학심. 왼쪽 수벽밑에 거북심(16.02.12)

푸른 바다 파도위로 2단 수벽이 있고, 뒷신도 차경으로 정원 일부가 됨(16.02.12)

입석이 날개이고 앞 돌이 머리부분인 학섬(16.02.12)

우측 작은 돌이 거북머리, 뒷돌이 등인 거북섬. 약간의 축산이 이루어짐(16.02.12)

반쯤 얼굴을 내민 석등(16.02.12)

돌다리에 앉아 있는 돌부처(16.02.12)

6) 카나자와金澤 노무라가野村家정원

카나자와金澤에는 성인근에 무사주택들이 모여 있는데, 몇군데는 집안탐방이 가능하다. 이중 노무라가野村家정원이 잘 정비되어 공개되고 있다. 무사시절에는 연봉으로 쌀 1천 2백석을 받았던 가문인데, 정원이 2003년에 미국일본정원학회 추천랭킹 3위를 차지했던 정원이다.

정원은 좁으며, 조경수가 빼곡이 서 있고 작은 못과 갖가지 암석이 배치되었다. 전해 오는 이야기로는 4백년전 카나자와성을 축성한 후 쓰고 남은 돌을 가져다 사용하였다 한다 좁은 공간에 징검돌, 석등 등을 잘 배치한 정원이다.

2003년 미국 일본정원학회 추천정원 랭킹 3위 였다함. 2014년에는 11~20위 수준이었음(08.08.26)

대문안 징검돌이 대단하다(08.08.26)

감상식 치센정원. 석등 3점, 징검돌, 작은 치센이 보임 (08.08.26)

치센안에 여러 모양 징검돌과 비단잉어(08.08.26)

치센안 징검돌(08.08.26)

돌다리와 돌수각(08.08.26)

좁은 정원내에 이런 느릅나무 거목이 자라고 있다 (08.08.26)

돌수각일까(08.08.26)

이층방에서 내다본 정원(08.08.26)

최근에 조영한 것 같은 오석 오리배석등(08.08.26)

거북섬인 것 같다(08.08.26)

카나자와시내 소화전에 켄로쿠엔(兼六園) 상징인 석등이 들어 있음(08.08.26)

7) 쿄토 시센도詩仙堂정원

일본 시선詩仙이라 불리웠던 이시카와조잔石川丈山; 1583~1672이 59세인 1641년에 시센도를 조영하였다 한다. 당시 정원은 입구정원, 안內정원으로 구분되었고, 1825년까지 방치되다가 1945년이후 남쪽 낮은 땅에 새정원을 조영하였다.

입구정원은 카레산스이식이며, 내정원은 감상식으로 흰 모래밭과 전정이 잘 된 철쭉종류인 사츠키가 심겨졌다. 내정원에는 작은 물길도 있고, 여러 모양 돌이 배치되어 있다. 계단을 통해 내려가면 새정원이 조영되어 있다 하천에서 물을 끌어 들여 작은 치센도 만들었고, 오픈스페이로 꾸며 꽃피는 식물이 많이 심겨져 있었다. 거대한 녹나무는 흉고직경 130cm, 수고 10m에 이르는 이, 삼백년정도로 신정원 조성이전에 심었을 것이다. 시센도 건물에서 신정원을 조망할 수 있어 건물이 세 정원을 연결시켜 주고 있다.

시센도 내부에는 중국 한, 진, 당, 송나라에 걸쳐 알려진 시인 36인 초상화가 걸려 있고, 일본 36인 시선도 선정되어 있다고 한다.

시센도 정원 정문(15.10.03)

입구에 작은 규모의 카레산스이 정원으로 징검돌과 원로 돌배치가 눈에 띈다(15.10.03)

내정(内庭)으로 모래밭에 전정한 철쭉종류 사츠키를 식재하였다(15.10.03)

내정 물길 주변모습. 홍예다리, 사각형 돌수각, 동물상 돌이 보인다(15.10.03)

새정원에서 바라본 건물은 침전조계이며, 내정과 새정원사이에 사츠키가 자리하고 있다(15.10.03)

신정원 등나무 시렁(15.10.03)

신정원 전경(15.10.03)

신정원 9층탑(15.10.03)

신정원의 소박한 모습. 뒤로 대나무담장이 보인다(15.10.03)

조그마한 못에 석송을 심었다(15.10.03)

사츠키와 수목의 5월 경관(17.05.22)

사츠키 꽃을 기대했지만...(17.05.22)

제일 많이 꽃 핀 사츠키(17.05.22)

일찍 꽃 핀 수국종류(17.05.22)

이끼가 한창 피어나고 있다(17.05.22)

돌수각(17.05.22)

수국꽃이 아직 피어 있다(15.10.03)

시선(詩仙)이 모이는 곳에 대나무가 빠질 수 없다. 맹종죽(15.10.03)

8) 히메지姫路 코코엔姑古園

코코엔姑古園은 히메지성姫路城을 차경으로 하고 있는데, 히메지성이 유명하다 히메지성은 1346~1441년에 걸쳐 축성되었다. 하며 여러 재해 및 전란에도 피해를 입지 않아 1931년 국보지정, 1993년에 일본 최초 유네스코세계문화유산에 등록되었다. 성 높이는 91.9m 이고 흰회 반죽으로 천수각과 망루를 칠하였기에 날아 오르는 학을 연상케 한다고 한다 1867년 권력이 무신정권에서 왕정부로 넘어가면서 웬만한 성은 다 없앴으나, 본성은 보전하기로 하였고 1945년 전쟁에도 살아 남았다 한다. 성내부에는 키가 246m 인 각각 650, 765년생 편백나무가 기둥으로 사용되었다.

코코엔姑古園은 성주 주택부지에 히메지시姫路市 제도시행 백주년을 맞이하여 1992년에 개원하였다고 한다. 면적은 3만 5천㎡(약 1만평)이며, 6개 소정원, 8개 테마원으로 조영되었다. 2개 치센池泉과 물길로 연결되어 있었다. 8개 테마원은 옛 성주 저택정원御屋敷庭; 오야시키니와, 양묘정원苗の庭, 물이 흐르는 정원流水の平庭, 소나무정원松の庭, 대나무정원竹の庭, 축산치센정원築山池泉の庭 등을 들 수 있다.

정원 곳곳에 개성있는 석등, 징검돌, 각종 꽃, 폭포 등 여러 정원요소를 도입하였고, 아울러 전통적 기법으로 아름다운 정원이 조영되었다.

히메지성으로 가는길 가로녹지. 녹나무(왼쪽)와 은행나무 신록이 아름답다(08.05.13)

히메지성. 과거 전쟁피해를 입지 않았고, 1993년 일본 최초로 세계문화유산에 등록됨(15.04.22)

기와사이를 희게 질하여 성이 하□게 보여 백소 성이라고 한다(15.04.22)

코코엔(姑古園) 정문(08.05.13)

8개 테마로 나뉘어 있음. 저택정원, 양묘정원, 물이 흐르는 정원, 소나무정원, 대나무정원, 축산치센정원 등(08.05.13)

정원입구 신록. 좌측 느티나무와 우측 고나라 신엽(15.04.22)

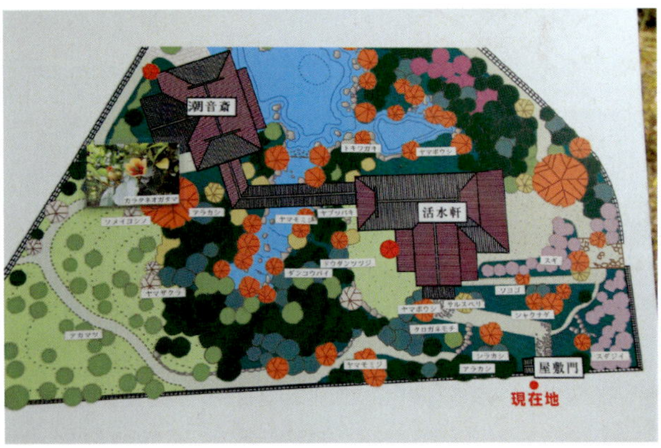

저택정원 평면도. 단풍나무와 소나무가 많이 보인다(05.05.13)

낭하를 걸으며 정원을 감상할 수 있다(08.05.13)

저택내 용문폭포(15.04.22)

완벽한 거북섬이다(15.04.22)

징검돌과 석등(15.04.22)

양묘정원내 연을 키우는 베드가 있다(08.05.13)

양묘정원내 여러식물이 자라고 있다(15.04.22)

삼지구엽초꽃(15.04.22)

분재원(15.04.22)

찻집. 디딤돌이 특이하다(15.04.22)

물이 흐르는 정원 입구. 대나무 담장이다(08.05.13)

돌다리 모습(15.04.22)

흰꽃 만병초(15.04.22)

붉은 꽃 만병초(08.05.13)

소나무정원 치센(08.05.13)

싸리나무 담장(15.04.22)

철쭉꽃이 피었다(15.04.22)

축산치센정원 대문지붕위 해오라기(15.04.22)

축산치센정원 평면도. 치센과 돌배치가 관심거리다(08.05.13)

초가정자, 쓰하마, 섬이 여유롭다(15.04.22)

대나무원(08.05.13)

부쩍 부쩍 자라고 있는 죽순(08.05.13)

9) 토쿄 핫포엔八芳園

에도江戸시대 자연을 표현한 정원으로 3백년 역사를 갖고 있다 한다. 치센을 중심으로 하는 치센회유식 정원으로 소나무, 단풍나무, 철쭉류, 석등들, 두 정자水亭;수이친, 角亭;카쿠테이등이 절묘하게 구성된 아름다운 정원이다. 면적은 3만 3천㎡(1만평)이며, 핫포엔으로는 1951년에 개원하였다고 한다 많은 곡절 끝에 일본식당 정원으로 태어난 모양이다.

본 정원 특징 하나는 입구에서 가까운 원로 곁에 평균수령 5백년 정도된 분재 수십 분이 전시되어 있다. 5백년정도 된 나무는 향나무眞柏, 에조마츠가 있었다 나머지 수종으로는 너도밤나무(부나, 70년생), 적송(170년), 흑송(220년), 히메지감나무(290년), 모과나무(90년), 야생매화(100년), 검양옻나무(90년)등이 전시되고 있었다.

안내도. 일본식 요리점이지만 정원을 식당손님 이외에게도 공개하고 있다(15.12.05)

약 250년생이라는 향나무 분재(15.12.05)

하포엔은 평균 500년생 분재를 많이 갖고 있다는 것이 특징이다(15.12.05)

전정된 철쭉 식재면적이 넓다(15.12.05)

찻집모습(15.12.05)

카쿠테이(角亭) 모습(15.12.05)

좁은잎단풍나무 잎이 허공을 가리고 있다(15.12.01)

폭포로 치센에 물을 유입시키고 있다(15.12.05)

유키미(雪見)석등(15.12.05)

갓이 사각이고, 다리가 넷인 석등(15.12.05)

정원이 아름다워 웨딩사진을 많이 촬영하나 보다(15.12.05)

철등(15.12.05)

치센에 떠 있는 용바위(15.12.05)

징검돌 규모가 크다(15.12.05)

물위에 조영한 수이친(水亭). 초가지붕이고, 입구 창은 원형, 벽은 한면만 있다(15.12.05)

수이친에서 바라본 치센 경관. 물속 경관도 아름답다(15.12.05)

10) 코베神戸 소라쿠엔相樂園

소라쿠엔은 전 고베시장 소유이었는데 1941년 코베시에 기증하여 이때부터 일반에게 공개되었다 한다. 건물은 영국 무역상인이 건축한 것을 옮겨와 1902년에 건축한 동서양 합작품이다 1995년 대지진으로 건물 피해를 보았는데, 현재도 붉은 벽돌 굴뚝이 기울러져 있다.

정원은 20세기 초에 조영되었으며 면적이 19,566㎡ 이고, 250년생 소철집단과 5백년생 녹나무가 명목名木으로 지정되어 있다 4천여주 철쭉류가 4월 중순~5월 중순 아름다운 경관을 이끌고 있다. 그외 석등 27개소, 석교, 실개울, 폭포와 중앙치센이 아름답게 역할을 하고 있다. 치센에 설치된 선박형정자船屋形는 1682~1704년에 놀이배로 건조하였던 것을 1980년 본 자리에 옮긴 2층 목조건물이다.

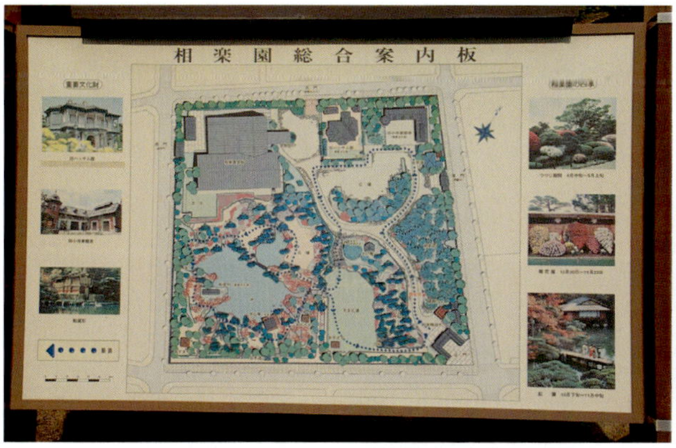

안내도. 치센회유식으로 넓은 잔디밭이 특색(08.02.12)

소라쿠엔 정문(08.05.10)

소철이 명목으로 지징되있음. 가고시마에서 도입되었고, 250년생이라 함(08.02.12)

소철원과 꽃핀 철쭉류(08.05.10)

녹나무 거목. 1567년에 식재하였다니 약 500년생 정도임(08.05.10)

차정자 칸신테이(浣心亭) 주변 신록. 정자 일부가 물위에 지어졌다(09.05.10)

선박형집. 놀이배로 1704년에 조영되었던 것을 1980년 현재자리에 건축물로 재건조됨. 2층 목조건물(08.05.10)

원로주변 철쭉류(08.05.10)

치센주변 풍경. 칸신테이와 선박형집이 함께하고 있다(08.05.10)

활짝 핀 철쭉(08.05.10)

치센으로 흘러드는 물을 이용하여 조성한 폭포(08.02.12)

1902년에 옮긴 건물로 역사성을 지닌 건물이었으나 1995년 9월 1일 대지진 피해를 입음(15.04.19)

묘하게 생긴 석등이다(15.04.19)

도단츠츠치꽃(15.04.19)

아리미츠 주변 흑송. 그리고 모양이 다른 두 석등이 서로 바라보고 있다(15.04.19)

4월 중순 치센과 수림경관(15.04.19)

제법 규모가 큰 폭포. 수량이 많은 편이다(15.04.19)

돌수각(15.04.19)

용석등(15.04.19)

카레폭포와 계류(15.04.19)

11) 히로사키弘前)후지타기념정원藤田記念庭園)

후지타기념정원은 히로사키출신으로 토쿄에서 활약한 후지타藤田씨 별저로 1919년에 토쿄 정원사를 초청, 에도풍 정원을 조영했다가 히로사키 시제 시작 백주년 기념행사 하나로 정비하여 1991년 7월에 개원하였다 한다 총면적은 2만 1천 8백㎡(약 6천 6백평)이다.

정원부지는 높은 지구高台部와 낮은 지구低地部로 나뉘어 있고 이를 연결하는 두 군데 나무계단이 설치되어 있다. 상부 정원은 회유식으로 이와키산岩木山;1, 625m을 차경으로 조성하였기에 날 좋은날 석양경관은 참 아름다울 것이다 상부지역은 서양 및 일본 저택이 동, 서로 건축되어 있으며, 각종 석등, 징검돌, 디딤돌이 잘 배치되어 있다 본 정원 대표수목은 170년생 능수벚나무일게다.

나무계단을 통해 내려가 폭포와 다리를 건너면 저지부 치센회유식 정원으로 들어 간다. 아담한 치센, 찻집, 각종 석등, 적송, 단풍나무 등을 만날 수 있다. 필자는 2015년 10월말에 정원을 찾았을 때 붉게 잎이 물든 산딸나무를 만날 수 있었다 공기가 깨끗해서인지 붉은 단풍이 고왔다. 일본 동북지방 대규모 정원이란다.

안내도. 정원은 상부(좌), 하부(우)로 나뉘며, 경사지가 두 정원을 연결한다(15.10.25)

상부 일본식 건축물. 징검돌과 디딤돌이 눈에 들어온다(15.10.25)

170년생 능수벚나무. 흉고직경 140cm, 수고 19m(15.10.25)

우아한 적송 모습(15.10.25)

경사지에 세워진 석등. 갓이 자연석이다(15.10.25)

야츠하시(八橋)가 수생식물원를 지난다(15.10.25)

치센내 거북섬은 등에 철쭉이 자라고 있다. 뒷편 빨간 단풍 든 나무가 도단츠츠치이다(15.10.25)

사면 붉은 다리와 폭포(15.10.25)

유키미(雪見)석등, 다리가 안으로 굽어 있다(15.10.25)

치센안에 조영된 섬들(15.10.25)

좌측과 중앙이 산딸나무로 단풍이 예쁘다(15.10.25)

섬으로 들어가기 위해 작은 선착장을 마련했다(15.10.25)

빨간 돌수각(15.10.25)

거목의 밤나무. 흉고직경 70cm에 이른다(15.10.25)

물 떨어지는 소리가 들린다. 스이킨쿠츠(水琴窟)이다(15.10.25)

경사지 폭포모습(15.10.25)

석등에 달팽이, 다리가 새겨 있다(15.10.25)

상부정원은 이와키산(岩木山, 1625m)를 차경으로 하고 있다(15.10.25)

12) 시마네島根 유시엔由志園

유시엔은 시마네島根 다이콘시마大根島에 위치하며 면적이 4만㎡이다. 이지역 요나고米子공항은 우리나라 국적기가 취항하는 지역이다. 정원은 치센회유식으로 소나무(흑송과 적송)정원이라고 할 정도로 흑송이 바위와 어울려 아름답게 조성되어 있다.

정원내 홍보관에서 모란과 인삼을 홍보하는데 시마네島根에 들여온지 모란 3백년, 인삼 2백년 역사를 갖고 있다한다. 4, 5월에 방문하면 수 많은 목단품종을 볼 수 있는데, 이때 사마네에서 품종개량한 희소품종 품평회도 구경할 수 있다. 5월 상순경에 꽃이 지는 목단꽃 10만 송이를 치센에 뿌려 놓은 경관을 볼 수 있다고 하는데 그 모습이 장관인 모양이다.

바위정원일 정도로 돌배치가 많으며, 소나무이외 모란, 작약, 철쭉, 영산홍, 동백, 만병초, 겨울 모란등을 만나 볼 수 있고 모란관은 4계절 운영한다고 한다.

안내도. 치센회유식으로 상부에 유명한 목단원이 있다 (15.04.26)

목단관 전시모습(15.04.26)

운유(雲州)에서 개발한 희소품종전시회. 관람객 투표로 인기도 측정 (15.04.26)

흰색꽃 목단품종(15.04.26)

야외 목단 전시회장(15.04.26)

정말 붉은색이다(15.04.26)

꽃잎이 이렇게 갈라진 품종도 있다(15.04.26)

철쭉류 꽃이 피었다(15.04.26)

녹나무신록 (15.04.26)

만병초 꽃이 만발하였다(15.10.26)

각종 기념품 판매점(15.04.26)

용문폭포(15.04.26)

치센과 서원조계건물. 흑송(해송)과 바위가 인상적이다 (15.04.26)

카레산스이정원. 바다에 봉래섬을 비롯하여 여러 섬들이 떠있다(15.04.26)

거대한 소나무 정원(15.04.26)

물소리도 요란한 용문폭포(15.04.26)

쓰하마를 옥돌로 처리. 적송과 흑송을 균형있게 식재하였다 (15.04.26)

쓰하마가 잘 조성된 치센경관(16.04.26)

13) 아오모리青森 세이비엔盛美園

본 정원은 국가지정 「명승」으로 1902년부터 9년간 건물과 정원을 조영하였다 치센을 중심으로 좌우 두 축산, 전면 오른쪽에 평정平庭이 위치하며, 앞쪽 마른 못枯池, 뒷쪽에 물이 있는 치센이 있다 치센카레산스이회유식池泉枯山水回遊式이라고 하여 형식이름이 길다.

면적은 1만 2천㎡(3천 6백평)이고, 치센에 위치한 신선도神仙島는 거북과 학이 노는 모습이라 한다. 정원역사가 백년을 넘어 여러 수종 고목을 볼 수 있다. 4백년된 느티나무흉고직경 2m, 수고 15m, 거목 단풍나무, 화백, 은행나무 등이 있고, 정원 왼쪽에 삼나무 7주평균 흉고직경 70cm, 수고 30m, 금송 등을 볼 수 있다.

세이비엔 안내도. 두개의 축산, 치센, 하부 카레못이 주요 경관 포인트이다(15.10.11)

카레치센(枯池泉)과 물이 있는 치센(15.10.11)

치센뒤 축산. 초가정자가 위치하고, 모양이 다른 두 석등이 마주하고 있다(15J0.11)

1909년에 건립된 건물은 서양식과 일본식이 결합된 형태(15.10.11)

두 축산 중 동쪽 충산은 숲 형태로 조영되어 있다 (15.10.11)

마른치센 서쪽에 위치한 누운 흑송과 바위(15.10.11)

목들이 몸매를 자랑하고 있다. 왼쪽부터 화백,단풍 나무, 오른쪽으로는 400년생 느티나무(15.10.11)

카레치센과 이끼옷을 입은 돌과 바위들(15.10.11)

신선도(神仙圖)(15.10.11)

거대한 바위와 돌로 조영한 카레폭포(枯瀑)(15.10.11)

자연석으로 조영한 석등(15.10.11)

단아한 초가집 매표소(15.10.11)

14) 요코하마横浜 산케이엔三溪園

본 정원은 요코하마 하라산케이明原三溪가 1902년부터 20년에 걸쳐 조성하였으며 전체 부지면적은 17만5천㎡이다. 1906년부터 일반에게 공개되었고 이후 대지진, 전쟁피해를 입었으나 1958년 복구가 완료되었다 치센회유식이다.

쿄토와 카마쿠라 등지에서 구입한 17종의 역사적 건축물이 이축되어 내원을 중심으로 한 별장건축이 조성되었다고 한다 초가지붕 건축물들이 주변 삼림경관과 잘 어울려 4월초부터 중순에 방문하면 아름다운 경관을 만끽할 수 있다. 특히 본 지역이 삼면을 산이 에워 싸고 있어 혼효림이면서 자연림에 가까운 삼림이 그려내는 갖가지 풍경을 감상할 수 있겠다. 석양무렵에 치센에 떠 있는 한척 배는 풍경화 모습 그대로이었다.

산케이엔 정문(05.05.05)

안내도. 치센이 매우 넓고, 1902년부터 20년동안 17동의 건물을 이축하여 이룩한 곳(09.05.05)

치센과 삼림경관. 놀잇배와 데시마가 눈에 들어온다 (09.05.05)

건축축물 뒷배경을 이루는 삼림수목 색갈이 다양하다 (09.05.05)

초가지붕너머로 3층 목조탑이 보인다(09.05.05)

흰 연꽃이 한창이다(09.05.05)

3층 목소탑에 이르는 원로 대나무숲(09.05.05)

3층 목조탑에서 바라본 삼림경관(09.05.05)

흰매화꽃(04.01.26)

물망초가 곧 봄이 온다고 알려주고 있다(04.01.26)

1457년에 축조된 목조탑을 1914년에 이곳으로 옮겼다 함(04.01.26)

겹동백꽃(15.04.16)

삼층 탑과 4월 중순 삼림경관(15.04.16)

내정으로 들어가는 문(04.01.26)

두루미그룹 그림(04.01.26)

봄의 7초. 별꽃, 미나리, 냉이, 떡쑥, 광대나물, 순무, 무 (15.04.16)

잎이 아직 나지 않은 느티나무(15.04.16)

맹종죽 죽순(15.04.16)

진날래꽃이 만발하였디(15.04.16)

옛날 부농 개인주택(15.04.16)

싸리나무 새싹(15.04.16)

나무그루터기를 덮은 이끼(15.04.16)

15) 후쿠이福井 요코칸養浩館정원

미국일본정원학회 추천랭킹 3위를 연속 3년한 정원으로 알려져 있다. 면적은 9천5백㎡에 이른다. 요코칸은 귀족집안 별저이었으나 2차세계대전 공습으로 불 타 없어졌다. 2004년에 복원되어 공개되기 시작했고 2009년 연간 탐방객 수가 5만에 달하였다고 한다.

치센회유식池泉回遊式정원으로 정원측에서는 자연석 돌다리가 일본 최대급 중 하나라고 한다. 필자도 경험상 토쿠시마德島구 토쿠시마성정원旧 德島城庭園 자연석 돌다리 다음으로 큰 것이라고 생각한다. 건물 뒷편 청석이 섞인 징검돌飛石이 깔금하고, 치센에 비친 축산築山, 가을단풍, 겨울 소나무 유키츠리雪吊り가 특색이 있었다. 그리고 치센 차정 멀지 않은 곳에 음양석陰陽石이 놓여 있었다. 차정은 정말 이런 곳에서 차를 마셨는지 의심이 들 정도로 허름하고 작았다.

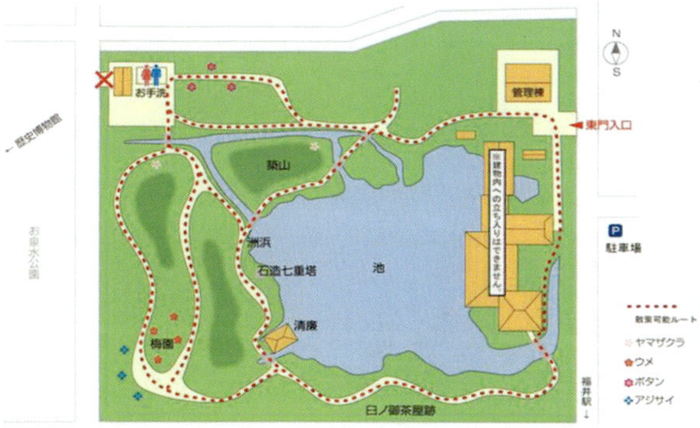

요코간 안내도. 치센회유식이며 축산, 쓰하마, 야리미츠가 보이고, 서원조계 건물(10.11.27)

치센에 비친 축산, 유키츠리, 단풍든 활엽수가 어울린다(10.11.27)

야리미츠(遺水) 폭이 넓다(10.11.27)

건물뒷쪽 징검돌(飛石). 청석 등 여러 색갈 돌로 되어 있다(10.11.27)

도단츠츠치 단풍색갈이 단풍나무이상으로 색갈이 짙다(10.11.27)

치센내 삼존석과 같이 생긴 돌배치(16.10.27)

해송 유키츠리(雪吊り)가 경관요소로 뛰어나다(16.10.27)

칠층 석탑(16.10.27)

쓰하마에 깔아 놓은 옥석(16.10.27)

돌다리 길이가 대단하다(16.10.27)

음양석(16.10.27)

치센변 조촐한 차정자(16.10.27)

매우 큰 자연석다리와 징검돌(16.10.27)

비단잉어 몸색갈이 여러종류이다(16.10.27)

그 외 추천된 정원은 쿄토京都 카츠라리큐桂離宮정원, 쿄토 니조성니노마루二條城二の丸정원, 쿄토 슈카쿠인리큐修學院離宮정원, 토쿄東京 리쿠리기엔六義園, 카나자와金澤 켄로쿠엔兼六園 타카마츠高松 리츠린코엔栗林公園, 쿠마모토熊本 수이겐지죠쥬엔水前寺成取園인데, 이 장소들은 이미 다른 항목에서 소개한 정원들이다. 필자는 일본정원학회에서 2014년 추천한 50개소 정원에서 사적인 공간으로 외부인 출입이 곤란한 정원 등을 제외하고 22개소만 소개하였다.

6. 유적정원遺跡庭園

유적정원은 과거 화려했던 건축물은 불타버리고, 파묻혔던 정원들이 현대에 들어와 발굴되어 재현된 곳이 대부분이다 세곳을 답사하였다.

1) 히라이이즈미平泉 구 칸지지이오인旧 觀自在王院정원

모츄지毛越寺정원이 여러 차례 전란으로 소실될때 이곳도 함께 소실되어, 현재는 건물은 흔적만 있고, 정원은 복원한 치센을 중심으로 남아있다 모츄지 동쪽 길건너에 위치하며 작은 주차장과 해설판이 탐방객을 맞이하고 있다. 꽤 넓은 치센에 나카지마中島, 수변에 야리미즈遺水, 작은 폭포, 아름다운 데시마出島와 자그마한 아리소荒磯를 볼 수 있었다. 치센을 한 바퀴 돌 수 있다.

본 정원에서 북동쪽으로 직선거리 700m 떨어진 곳에 무료 고인이세키아토無量光院遺跡정원이 위치하는데 현재 발굴 조사중이다. 주차장도 없고 해설판앞 이외는 출입이 제한되어, 해설판쪽에서 히카시지마東島와 나카지마中島를 바라볼 수 있다. 안내판에 의하면 쿄토 우지宇治 뵤도인平等院을 모델로 하여 나카지마에 모양이 같은 극락전과 양 날개건물이 있었기에 정토식淨土式정원이었다고 한다.

구 칸지자이오인정원도 모츠지(毛越寺)와 함께 1226년 전란으로 소실되어 치센만 남음(16.10.17)

본정원은 모츠지와 길 하나두고 마주하고 있음. 치센 섬, 쓰하마가 부드러운 선을 그리고 있다(14.10.17)

좁은 섬에 여러주 교목이 자라는 것이 특징임(16.10.17)

치센수변 큰 돌들. 동물형상 같다(16.10.17)

치센 북서쪽 야리미츠(16.10.17)

쓰하마(州浜)와 데시마(出島)가 부드러운 곡선이고, 지표면이 잔디로 덮혀 있음(16.10.17)

야리미츠와 치센사이 작은 폭포. 큰 돌들을 사용하여 짜임새 있게 조영(16.10.17)

아리소 모습(16.10.17)

또 다른 아리소(16.10.17)

섬을 들어가는 다리. 전면 돌은 소실된 건물 추춧돌(16.10.17)

무료코인이세키 정원은 구 칸지자이오인정원에서 700m정도 떨어져 있으며 현재 발굴 조사중이다. 발굴 조사결과에 의하면 쿄토 뵤도인을 모델로 하였다 함(16.10.17)

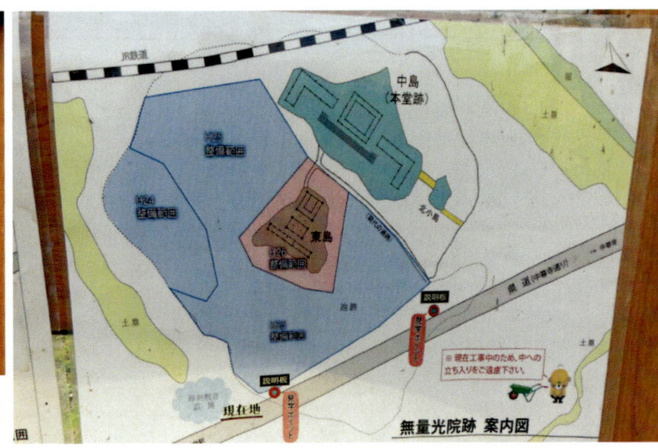

중도(中島)에 본당과 양쪽 날개모양의 건물이 연결되었었 함(16.10.17)

극락전이 있었을 중도사진 모습(16.10.17)

앞의 히카시지마(東島)가 중도(中島)를 가리고 있다(16.10.17)

2) 후쿠이福井 이치조다니아사유적一乘谷朝倉氏遺跡정원 (101)

후쿠이福井 시내에서 남동쪽으로 10km정도 떨어져 있다 지방영주 아사쿠라朝倉 가문이 쿄토 문물을 받아들여 이곳에 작은 쿄토라 불릴만큼 5대 103년에 걸쳐 번영하였으나 1573년 전쟁에서 패하여 모조리 불타 버렸다. 유적발굴조사가 1967년부터 진행되어 1971년 이치조다니죠一乘谷城를 포함, 278ha가 특별사적으로 지정되었다. 또한 1990년 取訪館庭園, 湯殿跡庭園, 館跡庭園, 南陽寺跡庭園 4개소가 특별명승으로 지정되었다. 필자는 南陽寺跡庭園을 제외하고 3개소를 답사하였다.

모두 전형적인 석조石造정원으로 거석을 많이 사용하여 정원 선線이 분명하였다 특히 조영된 폭포모습이 선명하고 실제 물이 흐르는 것이 특징이었다. 取訪館跡庭園 폭포 수락석水落石 높이가 4.13m 에 달하며 일본내 정원 수락석중 가장 크다고 한다. 이렇듯 아름다운 정원이 유적정원이라니 인생무상함이 절로 느껴진다.

이치죠다니아사구라시(一乘谷朝倉氏遺跡) 정원 안내도 (16.10.27)

유적정원 카라몬(唐門)(16.10.27)

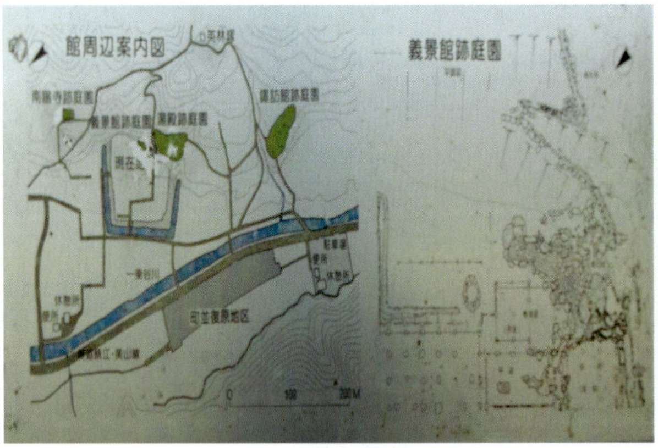

유적정원은 왼쪽부터 南陽寺跡정원, 義景館跡정원, 湯殿跡정원, 諏訪館跡정원 4개로 구성되어 있다(16.10.27)

義景館跡정원은 건물 앞마당에 조영된 작은 정원으로 작은 폭포, 수분석, 나카지마 등이 배치됨('5.10.27)

나카지마를 형상화한 큰 돌(16.10.27)

물길을 판석으로 깔아 놓음(16.10.27)

언덕에서 바라본 義景館跡정원(16.10.27)

건축선을 따라 야리미츠를 직선으로 조영(16.10.27)

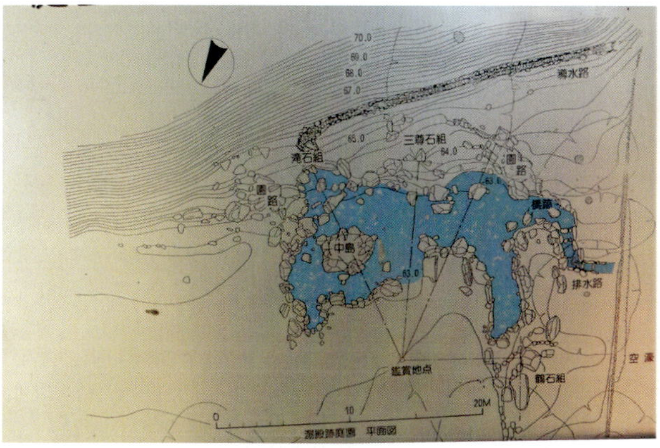

湯殿跡정원은 특별명승으로 지정되었고, 폭포, 삼존석, 나카지마, 학석이 조영되었음(16.10.27)

폭포모습(16.10.27)

삼존석(三尊石)(16.10.27)

또다른 삼존석(16.10.27)

높이 2m 입석이 있는 흰바위(16.10.27)

대단향 기석 정원(16.04.27)

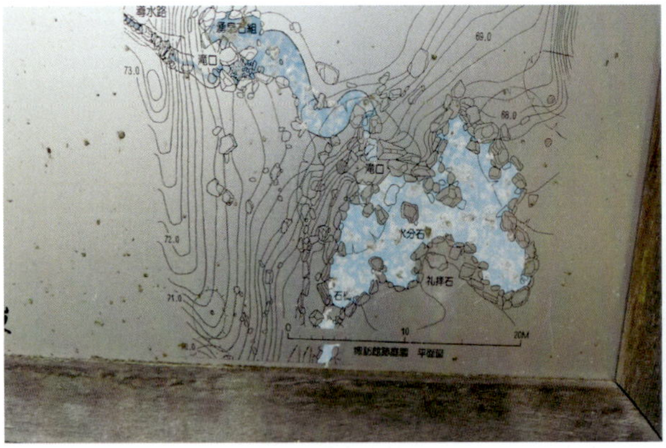

諏訪館跡정원도 특별명승이며, 상. 하단 2단으로 나뉘었고, 각각 폭포가 조영되어 있음(16.10.27)

하단부 폭포와 수락석. 수락석은 4.13m로 일본정원 최대거석임. 치센에 수분석이 보임(16.10.27)

예배석에서 바라본 폭포(16.10.27)

상단부 폭포(16.19.27)

수락석과 200년생 단풍나무가 같이 서 있음(16.10.27)

상단부 물줄기(16.10.27)

하단부 치센주변에 배치된 거석(16.10.27)

물길과 돌다리(16.10.27)

3) 나라奈良 헤이죠도인平城宮東院정원

나라奈良시 유적정원 중 헤이죠사쿄산조니보미아아토平城京左京三條二坊宮跡정원이 특별명승으로 지정되었다기에 찾았으나 배치한 경석景石이 부식되기 시작하여 정원 전체에 거대한 가설물을 씌워 복원 공사중이었다 가림막 중 뚫린 몇 군데로 들여다 볼 수 있었다. 치센 길이 55m, 폭 2~7m로서 S자상을 그리고 있었으며 치센바닥이 전부 옥석으로 덮혀 있다하며 120개 경석景石이 배치되었다고 한다.

대안으로 헤이죠쿄토인平城宮東院정원을 찾았다 헤이죠궁은 나라시대인 서기 710~794 년까지 수도이었으나 수도를 지금 쿄토京都로 옮긴 후 훼손되기 시작하였다. 현재도 헤이죠 궁터는 동서 1.4km, 남북 1.2km 정도로 남아있고, 도인東院정원은 헤이죠궁터 동쪽 끝에 위치하고 있다 헤이안궁터는 나라역에서 2.6 km, 나라시청에서 100m 정도 떨어져 있다.

도인정원은 동서 80m, 남북 100m 부지에 치센池泉을 중심으로 정원이 위치하고 있다. 1967년 유적이 발견되고, 1995년부터 10년에 걸쳐 정원이 복원되었다 복원되기 전에는 논으로 사용되었다고 한다. 치센회유식으로 치센 쓰하마州浜 곡선, 데시마出島 곡선이 아름다웠다 관심을 끄는 부분은 야리미즈遺水로서 쿄크스이曲水로 예쁘게 복원되었다.

나라 헤이죠(平城宮)은 서기 710~784년 일본수도. 당시 면적은 5x6km정도, 당나라 장안을 본보기로 설계. 그 뒤 궁전 소실, 현재는 대문만 복원(16.10.29)

폐허 궁전터에 물억새 군락이 가을 맞이 하고 있다(16.10.29)

궁전터에 추춧돌만이 지키고 있다(16.10.30)

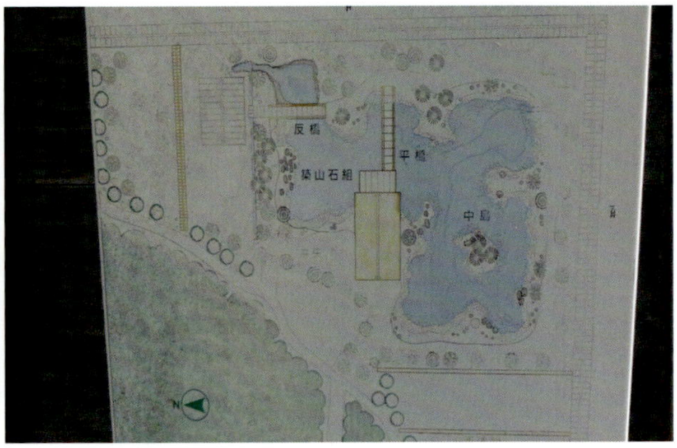

궁전터 동쪽에 80x100m 부지의 폐허정원을 1995년부터 10년간에 복원하였다함(16.10.30)

치센 쓰하마 아름다움(16.10.30)

건물과 나카지마(中島)(16.10.30)

쿄크스이(曲水)의 야리미츠(遺수)가 치센으로 흘러든다 (16.10.30)

데시마(出島)일까...(16.10.30)

건물에 이르는 평교(平橋)(16.10.30)

정원내에서 반교도 볼 수가 있다(16.10.30)

봉래산이 축산으로 조영되어 있음(116.10.30)

쓰하마 모습(16.10.30)

데시마 모습(16.10.30)

치센으로 흘러드는 야리미츠(16.10.30)

헤이죠쿄사쿄산조니보미아아토(平城京左京三条二坊宮跡)정원은 특별명승으로 宮跡庭園이라고 함(16.10.30)

건물 흔적과 정원 모습 안내도(16.10.30)

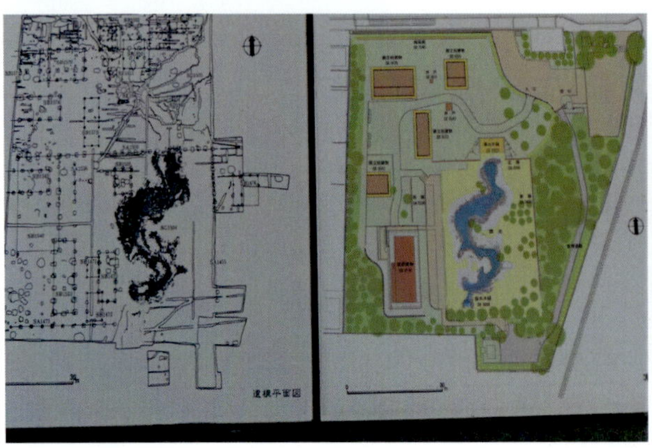

바닥 옥석(16.10.30)

120개 경석 중 일부(16.10.30)

정원앞의 복원된 건물(16.10.30)

복원사업중이라 일부 지역에만 밖에서 들여다 볼 수 있다(16.10.30)

사진으로 보여주는 물을 끌어 들이는 시설(16.10.30)

복원이전 공개하던때 정원 안내도(16.10.30)

7. 무소소세키夢窓疎石작정 정원

1) 엔잔塩山 에린지惠林寺정원

에린지惠林寺정원은 1330년 무소夢窓국사가 에린지惠林寺를 개창할 때 함께 조영하였다. 이때가 대사는 54세이었고, 10년 후인 1339년에 쿄토 사이호지西芳寺와 텐류지天龍寺정원을 작정하였다고 한다.

에린지 정원은 2단으로 되어 있는데, 상단부는 전기식 카레산스이前期式 枯山水정원으로 축산 상단부에 석탑과 큰 돌이 배치되었다 하단부는 심자지心字池를 중심으로 한 치센회유식이며, 1942년에 국가 명승으로 지정되었다. 상단부와 하단부 정원은 물이 흐르는 폭포로 연결하였다. 섬, 수변, 치센내에 큰 돌이 배치되어 있고 여러 모양 석등이 이채로웠다 조용한 정원내에 물소리가 아름다운 멜로디로 들렸다 즐거운 가을 날이었다.

에린지(惠林寺)정문. 1330년 무소(夢窓)대사가 개창하였단다(16.10.22)

정원을 들어 서기전 중문(16.10.22)

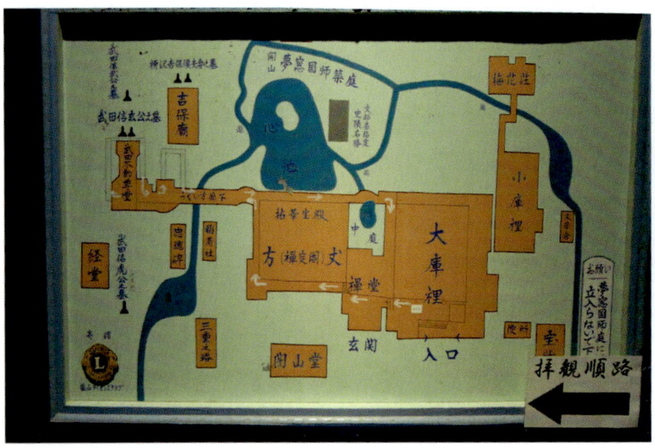

방장 북쪽에 무소대사가 54세때 조영하였다는 心字池(16.10.22)

카레산스이 정원에 불상, 석등, 석탑, 섬 등이 조영됨(16.10..22)

카레산스이 정원 측면 모습. 석등 갓이 넓다(16.10.22)

무소대사 정원을 가려면 낭하로 가야한다(16.10.22)

방장 북쪽 복도에서 무소대사 정원을 내려다 볼 수도 있고, 내려갈 수도 있어 치센회유식(16.10.22)

정원 우측은 작은 축산. 돌다리와 많은 철쭉류가 보인다(16.10.22)

왼쪽 정원은 2단으로 상부 카레산스이 초기식, 하부 치센회유식. 치센섬의해송 아랫가지 길이15m, 수고3m이다(16.10.22)

카레산스이 언덕 아래에 폭포가 조영되었으며, 수락석(水落石)이 보임(16.10.22)

카레산스이 정원 돌배치와 석탑(16.10.22)

무소대사 초기작 전기식 카레산스이 정원. 본정원이후 교토 사이호지(西芳寺), 텐류지(天龍寺)정원 등을 작정하였다함(16.10.22)

치센내 돌다리(16.10.22)

석등(16.10.22)

정원내 거석(16.10.22)

혜린지 경내 독특한 대문 모습(16.10.22)

무소소세키夢窓疎石국사 작정정원은 에린지 정원이외에 교토 사이호지西坊寺 정원, 교토 텐류지天龍寺정원, 킨카쿠지金閣寺정원을 들 수 있으며 앞 다른 항목에서 다루었다.

8. 코보리엔슈小堀遠州 작정 정원

필자가 답사한 101개소 정원중 코보리엔슈小堀遠州가 작정하였다는 곳은 10개소이었고 5개소는 앞 다른 항목에서 다뤘으며 본 항목에서는 5개 항목만 살펴 보기로 한다.

1) 쿄토 난젠지호죠정원南禪寺方丈庭園

난젠지南禪寺에 들어서면 이층 누각 산몬三門이 압도한다. 일본 삼대 산몬중 하나라고 한다. 이층 누각에 오르면 북쪽으로 법당, 방장, 동산東山이 한눈에 들어 온다. 난젠지가 동산을 주산으로 하고 있음을 알 수 있다. 산몬에서 방장에 이르는 경내공간은 적송과 단풍나무가 많이 심겨져 2014년 11월 25일 에 찾았을 때는 단풍 절정을 맛보았다.

방장은 4면에 걸쳐 4개 정원과 아정亞庭이 조성되어 있었다 대방장 정원, 소방장 정원, 화엄정은 카레산스이식이었다 대방장 정원은 코보리엔슈小堀遠州가 1629년에 작정하였으며 서구수법인 원근법을 이용하였다고 한다. 바위 3점을 배치함에 동에서 서로 갈 수록 작아지게 하는 원근법을 사용한 것이다.

방장 서쪽으로 가면 치센 정원이 있으나 단풍나무로 덮혀 확실하게 들어나지 않는다 방장에서 회랑을 걸으면서 여러 정원을 볼 수 있다는 것이 흥미롭다. 난센지 경내 동쪽에는 거대한 수로각이 지나고 있는데 이미 카마쿠라1192~1332년시대에 이런 수로를 만들 수 있었다는 것이 대단한 일이다. 대방장은 텐류지天龍寺, 사이고지西芳寺와 함께 쿄토 삼대 명승이라고 한다.

난젠지 안내도. 중앙에 산몬(三門). 뒤에 법당, 방장 대정원, 오른쪽 역S자선이 비와코에서 물을 끌어 들이는 시설, 수로각(水路閣)(14.11.25)

난젠지 산몬으로 2층이며 높이가 22m로 일본 3대 산몬의 하니라함(14.11.25)

산몬에서 바라본 법당과 동산 전경. 적송과 단풍이 두드러짐(14.11.25)

정원 안내도. 동쪽에 방장 대정원을 코보리엔슈(小掘遠州)가 작정하였다 한다(14.11.25)

방장 현관에 이르는 길(14.11.25)

방장 대정원. 돌크기가 동에서 서로 직경이 3.7, 2.8, 2.0m로 감소, 높이도 1.8, 1.15, 0.8m로 작아짐. 원근법을 이용함(14.11.25)

방장 대정원 돌배치는 호랑이가 강을 건너는 것을 상징한다는 그림(14.11.25)

방장 대정원은 감상식 카레산스이 정원이다(14.11.25)

방장 소정원(如心庭)으로 카레산스이식이다(14.11.25)

육도정(六道庭)으로 거석, 이끼, 단풍나무가 에 들어온다(14.11.25)

오리배(織部)석등(14.11.25)

화엄정원. 카레산스이 정원에 단풍나무낙엽이 수를 놓았다(14.11.25)

대나무와 싸리나무로 엮은 난젠지담(14.11.25)

단풍나무가 치센을 덮어 보이지 않는다. 그래도 석등은 치센임을 알려준다(14.11.25)

이끼, 거석, 석등(14.11.25)

카마쿠라시대(1192~1332년)에 조영되었다는 거대한 수로각. 비와코(琵琶湖)에서 이곳까지(직선거리 6km) 물을 끌어 온 시설(14.11.25)

2) 쿄토 치온인호죠정원知恩院方丈庭園

치온인 정원은 둘로 나뉜다 산몬三門오른쪽에 유젠엔友禪苑이 있고, 경내 안쪽에 호조方丈정원이 조성되어 있다. 유젠엔 면적은 1만 3천 2백㎡로 치센회유식과 카레산스이식을 겸하고 있다. 치센회유식은 차정자를 중심으로 조영되어 있다.

호조方丈정원은 호조가 1641년 조영된 이후일 것이며, 정원 크기는 정면 길이 30m, 폭 25m로 되어 있다. 하부에 치센과 거북섬, 학섬이 배치되었고, 상부는 「25보살 정원」이다. 방장내부에서 볼 수 있는 「25아미타여래내왕도」를 근거로 석가여래(큰 돌)가 24보살(작은 돌)을 이끌고 구름(철쭉)을 타고 내려 오는 것을 표현하였다고 한다.

치온인(知恩院) 경내도. 산몬 우측 유젠엔(友禪苑), 방장옆 호조정원(方丈庭園)이 있다(15.10.05)

우젠엔정원 입구(15.10.05)

소철원(15.10.05)

카레산스이 정원으로 거북섬에 돌다리가 놓여 있고 대해에 떠 있다(15.10.05)

치센회유식 정원의 돌다리, 징검돌, 디딤돌, 차정자(15.10.05)

큰 바위틈으로 물이 흐른다(15.10.05)

거대한 입석이다(15.10.05)

본 사찰이 가지고 있는 25분 아미타여래내왕도. 정토에서 구름을 타고 내려 오고 있다(15.10.05)

큰 돌이 석가여래, 그외 돌까지 합쳐 25보살이 철쭉 구름을 타고 내려오고 있다는 25보살정원(15.10.05)

중앙의 석가여래와 보살들이 구름을 타고 있다(15.10.05)

치센의 돌다리와 석등(15.10.05)

치센의 돌다리와 석등(15.10.05)

학섬, 석등, 돌다리 그리고 바위섬(15.10.05)

바위를 덮은 이끼로 고색창연한 분위기이다(15.10.05)

3) 쿄토 엔토쿠인同德院정원

엔토쿠인同德院은 1605년에 창건되었으며 정원은 남정원, 북정원이 있다. 남정원은 카레산스이 정원이고, 북정원은 본래 치센회유식 이었는데 후에 카레산스이식으로 변경하였다. 거대한 돌을 포함하여 백여개 돌을 사용하였다 한다.

거대한 돌로 만든 다리 세 점, 삼존석, 봉래산이 눈에 띈다 모모야마桃山시대정원 화려함이 남아 있고, 국가지정 명승이다. 작정 후에 코보리엔슈가 손댔다고 한다.

돌수각(15.10.01)

삼존석일것 이다(15.10.01)

남(南)정원. 카레선스이식이다(15.10.01)

북(北)정원. 본래 지천회유식으로 큰 돌다리 셋을 조영하였는데, 카레신스이식으로 바꾸었지민 돌다리는 유지됨(15.10.01)

북정원 징검돌과 돌수각(15.10.01)

두다리는 자연석이고, 오른쪽 축산에 삼존석이 위치한다(15.10.01)

다리 하나는 다듬은 돌로 조영되었고, 축산에 삼존석이 모셔짐(15.10.01)

봉래삭석(15.10.01)

자연석 다리 근경(15.10.01)

물이 흐르던 흔적(15.10.01)

4) 하마마츠浜松 료탄지龍潭寺정원

료탄지 주차장에 내리니 고목 벚나무꽃이 아름다웠다(2014. 4. 5). 본당 앞부분에 카레산스이 정원, 본당 뒤쪽에 고보라엔슈小堀遠州가 작정하였다는 치센감상식 정원이 아름답게 몸단장을 하고 나타난다.

치센정원은 길이가 30m 이고 심자지心字池가 조영되어 있으며, 세 봉우리, 세개이상 카레폭포枯瀑가 보인다. 삼존석三尊石 중 가운데 큰 돌이 수호석, 왼쪽에 학날개를 상징하는 입석이 서 있다. 오른쪽 물가에 거북머리, 치센안에 돌한 개의 봉래도, 치센에서 나와 물가에 예배석이 놓여 있다 지피식물은 잔디이었다 .

정원 경사면에 심겨진 철쭉 하나하나가 설법을 듣는 대중으로 천명 사람을 표현한 것이라고 한다. 17세기에 조영한 에도 초기 작품이라 한다 본래 부지가 8만㎡이었는데, 메이지 정부가 몰수하였다가 평지 3만 3천㎡만 반환한 것이라고 한다 1936년 국가명승으로 지정되었다.

본딩뒤에 코보리엔슈가 작정한 치센감상식 정원, 앞은 카레산스이식 정원(16,04.05)

우단같이 깔린 이끼(16.04.05)

인상적인 문(16.04.05)

고목에 공생하는 바위옷과 이끼(16.04.05)

붉은 꽃을 핀 철쭉류(16.04.05)

벚꽃이 만개하였다(16.04.05)

본당 전면의 카레산스이 정원(16.04.15)

황매화가 만발하였다(16.04.15)

본당 후면. 코보리엔슈가 작정하였다는 치센감상식 정원. 후면에 봉우리가 셋이고 가운데 계곡이 카레폭포, 오른쪽 입석이 학석(15.04.15)

학석(鶴石)과 뒷동산까지 합치면 학섬(鶴出島)이다(15.04.15)

가운데 계곡도 카레폭포. 앞에 거북섬(龜出島)이 보인다(16.04.05)

삼존석이 자리하고 있다 가운데 큰 돌이 수호석(16.04.05).

양계곡이 카레폭포. 봉우리밑에 삼존석, 물에 떠있는 봉래도, 물가에 배석(16.04.05)

정원의 오른쪽 끝부분. 소철, 징검디리, 잔디밭, 이끼군(16.04.05)

이끼가 돌수각을 덮었다(16.04.05)

감상식 정원. 앞동산 철쭉은 1,000명 신도가 앉아 있는 형상이란다(16.04.05)

3층 목조탑(16.04.07)

5) 마이바라米原 토쿠겐인德原院정원

어느 한 집안 묘소를 위해 지은 절이다 치센회유식이라고 하지만 마른 치센이고 감상식이다. 본 정원은 코보리엔슈小堀遠州작이라고 알려지며 에도초기에 작정되었다 한다 정원설명 리플렛을 구할 길이 없었고, 다리가 꼬인 석등이 특이하다 산중 석등에서부터 카레폭포枯瀧가 시작된다고 생각되지만 확실한 것은 증명할 길이 없다. 여러 곳에 배치된 큰 돌들도 분명 의미를 갖고 있을텐데...

토쿠겐인에 드는 길 좌우 벚나무가 흐드러지게 핀날(2016. 4. 7), 이길을 흥겹게 걸었다. 꽃길을 우리 부부만이 걷는 것이 얼마나 행복하던지 어린아이와 같이 팔을 들고 춤을 추며 걸었다. 게다가 절 앞마당 3백년생 능수벚나무는 꽃을 탐스럽게 안고 있어 꽃은 나이에 관계없이 모두 좋아한다는 것을 느꼈다.

토쿠겐인에 들어서는 길 양옆에 벚꽃이 만발하였다 (16.04.07)

능수벚나무. 수령 300년(흉고둘레 2.3m, 수고 수고 10m)인데도 수형이 아름답다(16.04.07)

코보리엔슈가 작정하였다는 치센감상식 정원. 본래는 치센회유식이었다 함(16.04.07)

건물앞 정원부지는 비로드 같은 이끼로 덮혀 있다 (16.04.07)

큰 돌루 쌓은 석축 모양(16.04.07)

중앙에 카레폭포. 꼭대기에 석등이 외롭게 시 잇다 (16.04.07)

고목 철쭉(16.04.07)

별목련이 활짝 피었다(16.04.07)

카레산스이 감상식 정원으로 매력적인 공간이다(16.04.07)

이외에 코보리엔슈 작정 정원은 교토 니조성니노마루二條城の丸정원, 교토 센토고쇼仙洞御所정원, 교토 쇼렌지正伝寺정원, 교토 콘치인金地院정원, 교토 코다이지高台寺정원, 타카하시高梁 라이큐지賴久寺정원 등이 있다.

9 셋슈雪舟 작정 정원

1) 쿄토 훈다인芬陀院; 雪舟寺 셋슈雪舟정원

셋슈雪舟; 1420~1502는 선승禪僧이자 화승畵僧으로 현재의 오카야마岡山에서 태어나 남쪽 지방에서 활약을 하여 쿄토에는 이 분이 작정한 정원이 이곳 훈다인셋슈지에만 남아 있다.

이곳 셋슈정원은 단아하여 셋슈 성품이 소박하였다는 것을 알 수 있다. 본 정원은 카레산스이식으로 돌배치군이 두 군데로 나뉘어 있었다. 하나는 삼존석三尊石군, 다른 하나는 거북과 학이 함께 어울린 석조군이다 방장에 앉아 이들 석조군을 바라보면서 화두를 붙잡고 선禪 경지에 이르려고 많은 불자들이 노력했을 것이다 규모가 작기에 선 경지에서 정원을 감상하려고 노력해야할 것이다.

셋슈지(雪卅寺) 셋슈(雪卅)정원 정문(15.04.21)

셋슈정원 전경. 감상식의 카레산스이 정원. 앞에 흰 모래가 깔려있고, 뒤로 이끼위에 두 석조군이 보임(15.04.21)

삼존석 근경(15.04.21)

거북등에 학(입석)이 있다(16.04.21)

모래밭이 꽤나 넓다(15.04.21)

이맛에 정원을 가꿀 것이다(16.04.21)

고색창연한 석등(16.04.21)

셋슈지 입구 아름다운 모습(16.04.21)

2) 히카리光 후겐지普賢寺정원

후겐지는 야마쿠지현 히카리光시 반도 남단에 위치해 있다 아미산蛾眉山을 배경으로 위치해 있는데, 아미산은 생태적으로 안정상태인 극상림極相林; Climax 단계의 구실잣밤나무가 우점종인 원시상태 숲이었다 후겐지 정면은 바다가 시원스레 조망되는 지역이다.

1006년에 창건된 후겐지는 고찰로서, 경내에 히카리시에서 지정한 명목 백선인 여러 주 녹나무 고목이 서 있었다 대단한 사찰이다. 정원은 본당 남쪽에 있고 정방형 카레산스이식으로서, 면적 약 455㎡이며 주위 녹지까지 포함하면 2,177㎡ 에 이른다 한다.

카레산스이 정원인 이곳에 삼존석三尊石, 카레타키枯瀧, 봉래산, 잉어석, 예배석을 거암으로 배렬하였다. 정원 조성수법, 양식으로 보아 무로마치室町 시대 후기1500년대 경에 조영되었다고 추측되며, 셋슈가 작정한 것으로 알려져 있다.

후겐지(普賢寺) 표석(16.02.10)

정원 주요 부분. 삼존석과 카레폭포가 함께 조영되었고, 우측 안쪽 봉래산, 앞쪽 잉어석, 신선세계를 표현(16.02.10)

삼존석과 카레폭포 근경(16.02.10)

소철(16.02.10)

잉어가 폭포를 바라보고 있다(16.02.10)

잉어상(16.02.10)

징검돌과 예배석(16.02.10)

마을 뒷산은 구실잣밤나무 안정된 숲으로 천연기념물로 지정됨(16.02.10)

후겐지 전면은 바다로 향하고 있다(16.02.10)

후겐지 경내 녹나무 거목(16.02.10)

3) 야마쿠지山口 조세이지榮榮寺 셋슈정원雪舟庭園

정원 입구에 세워진 셋슈의 온화한 모습 동상 환영을 받으면서 입장하면 입구정원은 명칭이 있는 정식 정원은 아니지만 이채로웠다 넓은 모래밭을 해자모양으로 이끼두렁이 에워싸고 있었다. 카레산스이정원은 아닌지? 안으로 들어가면 두 정원이 위치한다. 두 정원은 본당을 중심으로 남쪽 난메이 정원南溟庭, 북쪽 셋슈雪舟정원이 위치한다.

난메이 정원은 현대에 조영된 것인데 뒤에서 소개되는 현대 유명한 작정가 시게모리미레이重森三玲; 1896~1975에게 작정을 의뢰하였으나 처음에는 셋슈정원에 누가 된다고 사양했다고 한다. 여러 차례 의뢰를 부탁한 끝에 시게모리가 72세때인 1968 년에 작정하였다고 한다. 셋슈가 명나라를 갈 당시 바다를 이미지화한 것이 흰모래이며, 아울러 바닷가 쓰하마, 각종 섬이 표현된 것이다.

셋슈정원은 약 3천㎡(약 9백평)규모로 치센회유식이다 육상부와 카레치센이 분리되었고, 육상부에 다양한 암석배치, 치센내에 거북섬, 학섬, 잉어석이 두드러져 보인다. 치센 북동쪽계곡에 카레폭포를 조영하였다. 본 정원은 심플하게 불교 정신세계를 표현한 것 같다.

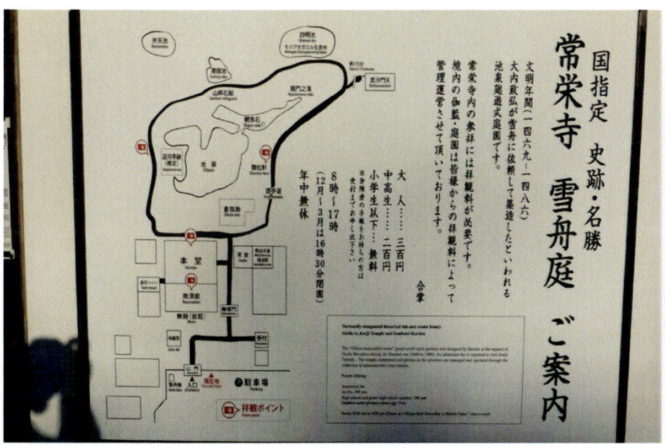

안내도. 본당 남쪽 난메이지정원(南溟庭), 북쪽 셋슈정원(雪州庭)이 위치한다(16.02.11)

세슈(1420~1502) 흉상. 온화한 모습이다.(16.02.11)

자연석으로 조영한 석등이 입구에서 반겨준다 (16.02.11)

죠에이지전정에 들어서면 흰 모래밭과 이끼둑 조화모습을 볼수 있다(16.02.11)

죠에이지 이층문(16.02.11)

난메이정원(南溟庭). 시게모리(重森)가 1865년에 작정. 바위배치가 X자인 것은 유기적인 관계를 뜻한다고 한다 (16.02.11)

바다에 떠있는 섬과 쓰하마(16.02.11)

셋슈정원. 많은 돌을 배치하여 바위의 단단함을 잘 표현하였다 함(16.02.11)

갖가지 돌배치(16.02.11)

치센안 거북섬(16.02.11)

잉어석(16.02.11)

좌측 학섬, 우측 거북섬(16.02.11)

치센안 쓰하마와 데시마. 디로 덮혀 있다(16.02.11)

본당과 돌배치, 거북석, 치세(16.02.11)

학섬모습(16.02.11)

카레폭포, 잉어석, 학섬(16.02.11)

4) 마쓰다益田 만푸쿠지萬福寺정원

1499년 셋슈雪舟가 조영한 정원으로 국가지정 사적 및 명승이다. 면적은 1,421㎡(약 430평)로 무로마치室町 시대에 작정되었다. 정원은 수미산須彌山을 중앙에 위치시키고, 우측 응달에 카레타키枯瀧을 배치, 반면에 좌측은 평온하고 밝게 조영하였다. 이곳에 군신석君臣石, 삼존석三尊石을 세웠고, 수미산 아래는 구산팔해九山八海를 상징하는 여러개 돌들을 배열하였다 한다 마치 산수화를 보는 듯한 산수정원山水이라고 한다.

셋슈(1420~1502)는 화성畵聖이라는 별칭을 가진 무로마치시대 선승禪僧으로 중국으로 유학을 가서 1467년 명나라 베이징에서 벽화를 그리고, 1469년 귀국하여 수 많은 산수화를 그렸으며 아울러 만푸쿠지萬福寺등지에 산수정원을 작정하였다. 본 정원은 셋슈 묵화 그림과 통하는 정취 정원이라 한다 감상식 치센정원이다.

수미산을 중심으로 하고, 아래에 구산팔해(九山八海)를 상징하는 돌을 배치. 오른쪽에 카래타키를 조영하였고, 치센은 심자지(心字池)!16.02.09)

정원 전경. 주앙 뾰족한 돌이 수미산, 그아래에 구산팔해 상징으로 바위를 배치(16.02.11)

카래타키(枯瀧)을 조영(16.02.11)

수미산과 구산팔해를 가까이서 찍음(16.02.11)

정원 오른쪽 어두운 공간에 카레타키를 설치. 명암기법을 이용한 것임(16.02.11)

치센 시작부분. 돌로 치센을 에워쌈(16.02.11)

동물모양 돌(16.02.11)

데시마를 입석 셋으로 표현(16.02.11)

어두운 공간에 봉래석(蓬萊石)이 위치함(16.02.11)

군신석(君臣石)(16.02.11)

삼존석(三尊石)(16.02.11)

국가중요문화재인 만푸쿠지 본당. 본당뒤에 정원이 위치 (16.02.11)

5) 마쓰다益田 이코지医光寺정원

1479년에 작정된 치센감상식 정원으로 수묵화적인 정원이라 한다. 산자락에 2단으로 조영한 정원은 왼쪽 상단에 수미산須彌山을 위치시키고 그 밑에 카레폭포를 조성하였다. 오른쪽은 중후감 균형을 맞추기 위해 꼭대기에 능수벚나무를 심고 하부에 철쭉을 심었다 한다.

왼쪽 하부에 입석을 세워 학섬을 상징화 시키고 치센 거북섬 머리를 학섬으로 향하게 하였다. 거북섬 등에 삼존석을 배치하고 이중 큰 돌은 봉래산을 상징하게 된다.

이코지(醫光寺) 안내판(16.02.11)

이코지 대문.... 높이 4m, 폭 4.4m. 현(縣)지정문화재(16.02.11)

수미산 아래 카레폭포를 조영. 좌측 하단부 학섬(16.02.11)

정원은 반회유식. 좌측 상부 입석이 수미산, 치센에 거북섬, 치센좌측 입석은 학을 상징. 수미신 하부에 카레타키를 조영(16.02.11)

수양벚나무. 이코지 안내판 분홍색나무가 이나무를 표현한 것임(16.02.11)

정면에서 바라본 정원(16.02.11)

섬을 잇는 돌다리(16.02.11)

이코지 배경산은 상록활엽수림(16.02.11)

10. 시게모리미레이重森三玲작정 정원

1) 쿄토 토후쿠지혼보東福寺本坊정원

토후쿠지내 츠텐교通天橋하부 계곡은 단풍나무로 가득한데 다리가 넓고 길어도 가을 단풍철에는 인파에 몰려 밀려 다니게 된다. 사진 한 장 찍는 것도 거의 사투를 벌려야할 지경이다. 이 아름다운 단풍구경을 모두들 하고 싶어 하는데 이해하고 인파 흐름에 몸을 맞길 수 밖에...

츠텐교를 통과하면 카이산도開山堂에 이르는데, 대문안으로 들어서면 넓은 카레산스이 정원이 나오고 가운데 원로가 있으며, 좌우 정원형태가 다르다. 왼쪽은 모래밭에 모자이크市松디자인을 정성스레 조성해 놓았다. 오른쪽은 경사지형으로 낮은 지형 평지에는 작은 치센, 이끼로 덮힌 돌다리, 중턱의 카레폭포 등이 조영되어 있고, 경사지에 수백 나한 철쭉들이 모여 있다. 카이산도를 나와 다시 츠텐교를 지나지 말고, 계곡아래에서 츠텐교를 보면서 지나서 왼쪽에 위치한 혼보정원本防庭園으로 향한다.

토후쿠지는 1236년부터 시작하여 19년만에 건축이 완성되었는데 당시 일본에서 최대 가람이었다고 한다. 전국 3백여개 정원을 실측조사하여 현장경험을 습득한 아직 덜 알려진 시게모리미레이重森三玲;1896~1975에게 정원조성을 의뢰하여 1933 년에 방장정원을 완성하였다고 한다. 시게모리 나이 43세였을 때이었다. 당시 재정이 열악한 사찰측은 시게모리에게 백년 앞을 내다보면서 ① 선禪철학 장소 ② 재료가 남지 않아야 할것 ③ 옛날 포장 돌을 사용할 것을 전제로 작정을 의뢰하였다 한다. 이에 시게모리는 전통적인 정원형태를 사용한것 이외에 남은 돌기둥으로 북두칠성을, 포장돌을 깎아 모자이크 형태를 조성하는 등 폐재를 이용하여 작정하였다고 한다.

방장을 사찰측에서 1890 년에 재건하고 시게모리가 정원조성을 하게 된다. 방장 4면에 걸쳐 정원조성을 하는데 핫소八相정원 개념으로 디자인하며, 석가모니 생애에서 일어난 여덟가지 중요한 사건을 작정디자인에 반영한 것이다. 남쪽정원은 봉래, 방장, 영주, 곤량으로 불리는 사선도四仙島를 거석으로 표현하여 전통적인 카레산스이 정원을 조성하였다. 서쪽은 논밭井田모양 정원, 북쪽은 사각돌과 이끼를 사용한 체크무늬市松모양인데 세상에 제일 많이 알려졌다. 동쪽정원은 다른 건물을 짓고 남은 돌기둥과 추춧돌을 사용하여 원주돌을 제작, 북두칠성을 조영하여 북두정원이라고 한다. 현대식 디자인이지만 과거를 품고 있다는 것이 작정자 생각이란다.

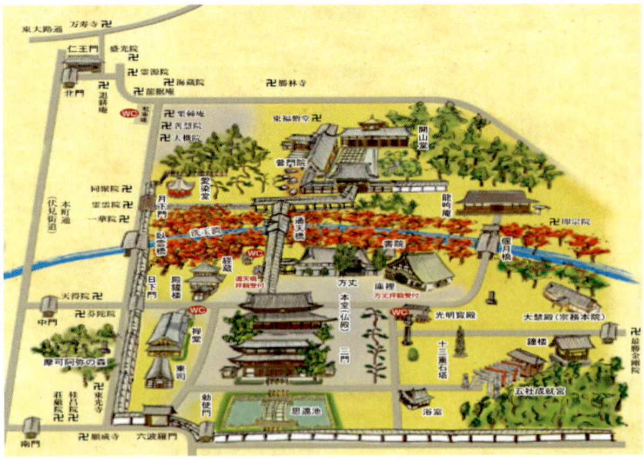

리플렛 안내도. 츠텐교를 지나면 카이산도(開山堂) 정원에 도달(15.04.21)

츠텐교(通天橋) 모습(14.02.18)

츠텐교에서 바라본 겨울 단풍나무 숲(14.02.18)

카이산도내 카레산스이 정원(14.02.18)

가을 단풍나무 수관(14.11.26)

츠텐교에서 바라본 봄 단풍나무숲(15.04.21)

카이산도 카레산스이 정원에 치센, 돌다리, 전정된 철쭉이 꽉 차 있다(14.02.18)

카이산도 중앙길 좌측 모래밭 모자이크(市松)(14.02.18)

카폭포(14.02.18)

츠텐교(通天橋)(14.02.18)

방장 팔상정원. 팔상은 석가생애에서 8번 출래사(出來事)이며, 방장 4면 정원에 이를 표현. 1939년에 시게모리미레이(1896~1975)가 작정(14.02.18)

방장 남정원. 네 무리 돌배치이며, 세무리는 장석을 배치하고 괴석을 세운 카레산스이 정원(15.04.21)

남정원 모래밭과 정원을 감상할 수 있는 방장앞 툇마루(15.04.21)

남정 모래밭과 입석의 괴석(15.04.21)

남정원 서쪽에 조영한 5개의 산. 이끼로 덮혀 있음(15.04.21)

서(西)정원. 다듬은 철쭉을 사각으로 배치. 논밭 모양(14.11.26)

서정원에서 북정원 중간 전망대에서 내려다본 츠텐교 단풍나무숲(14.11.26)

서정원끝 전망대에서 내려다본 봄의 츠텐교(15.04.21)

북정원은 네모돌과 이끼 모자이크 정원(14.11.26)

북정원의 단풍(14.11.26)

동정원의 시린더 모양으로 세운 북두칠성(14.92.18)

산몬(三門)(14.02.18)

2) 쿄토 다이토쿠치大德寺 즈이호인瑞峰院정원

즈이호인瑞峰院정원은 1535년 개창한 다이묘大名가 크리스챤으로서 이런 흔적이 남아 있어서 유명하였다. 정원은 방장方丈을 중심으로 북쪽 칸민테이閑眠庭, 중간 차테이茶庭, 남쪽 도쿠자테이獨座庭으로 구성되어 있으며, 1960년대 시게모리가 작정한 카레산스이枯山水정원이다.

간민테이閑眠庭는 가로로 큰돌 3개, 세로로 4개를 이어 십자가를 표현하였으며, 봉래산에서 심해로 산줄기가 뻗어나 있다 높은 산은 입석으로, 거친 파도 바다는 모래로 형상화하였다.

도쿠자테이獨座庭는 봉래산蓬萊山을 바라보며 중국 백장선사가 홀로 우뚝 대웅봉大雄峰에 앉아 있듯이 홀로 우뚝 자신 존재속에 앉아 안거安居를 하여야한다는 가르침을 실천하는 정원이다. 즈이호인 스님들은 이 자리가 안거자리이지만 우리는 자기가 존재하는 그 자리에서 깨달을 때까지 딲음을 계속해야 한다는 소리다.

방장북쪽 간민테이(閑眠庭). 1960년대 시게모리 작정(11.02.24)

1535년 즈이호인을 개창한 다이묘가 크리스챤이었음. 1960년대 시게모리는 종으로 4개, 횡으로 3개 입석으로 십자가를 표현함(16.10.29)

심해에 떠있는 섬(16.10.29)

간민테이 동쪽에 쓰하마로 깊은 만을 표현(16.10.29)

왼쪽 학, 중간 삼존석, 오른쪽 봉래산(16.10.29)

봉래산(蓬莱山)(16.10.29)

봉래산에서 해안으로 산맥이 연결됨(16.10.29)

방장 남정원 토쿠자테이(獨坐庭). 봉래산식 정원. 중국 선승 백장선사가 홀로 우뚝 대웅봉에 앉는다(獨坐大雄蜂)라는 범어를 이미지화한 정원(16.10.29)

토쿠자테이(獨坐庭) 표석(16.10.29)

왼쪽 대웅봉, 이름다운 쓰하미, 바다에 떠있는 삼존석(16.10.29)

토쿠자테이도 카레산스이 감상식(16.10.29)

방장 차정원(茶庭)도 카레산스이식(16.10.29)

차정 석등과 돌수각(16.10.29)

잔잔한 바다에 떠있는 섬(16.10.29)

차정 전경(16.10.29)

즈이호인 입구 아름다운 소나무(16.10.29)

3) 쿄토 마츠오타이샤松尾大社정원

마츠오타이샤 정원은 1975년 시게모리미레이重森三玲가 작정하였는데, 이해는 시게모리가 타계한 해이다. 세 정원중 두 정원은 타계전 완성하고, 나머지 봉래정원은 시게모리가 구상만 하고, 조성은 아들, 시게모리치사오重森千靑; 1958~가 완성한 2대에 걸쳐 조영한 정원이다.

정원은 셋, 엄격히 말하면 넷으로 나뉘어 있다. 즉, 쿄크스이정원曲水の庭, 상고정원上古の庭, 즉흥정원卽興の庭, 봉래정원蓬萊の庭으로 나뉘어 있는데, 네 정원이 모두 독립적이다. 모두 청석거암을 사용, 위압감을 나타내며 전통적인 면을 중요시 했을 뿐만 아니라 현대적인 표현을 목표로 하였다. 시게모리 평생목표가 「영원한 모던」이었던 만큼 이를 정원에 표현하려 일생동안 노력하였던 것이다.

전통적인 기법에 현대적인 추상성을 가미하였기에 지금까지 여러 종류 정원을 많이 보아온 사람들에게는 크게 낯설지 않고 오히려 자유분방함에 더 호기심이 끌리게 된다.

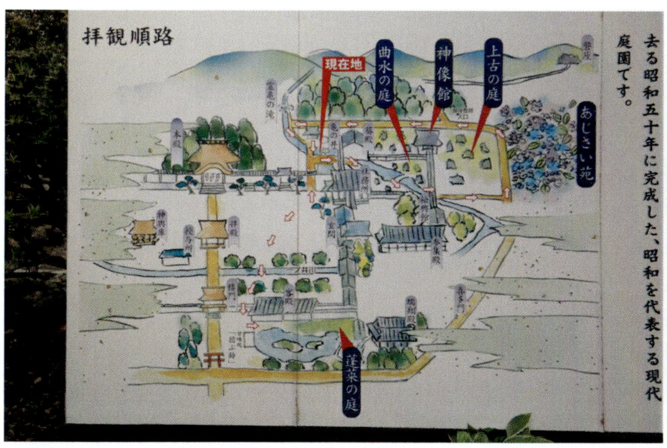

안내도. 1975년 시게모리미레이(重森三玲)잔품으로 쿄크스이정원(曲水庭), 상고정원(上古庭), 봉래정원(逢萊庭)으로 나뉘어 있다(15.04.21)

쿄크스이정원으로 청수가 쓰하마를 돌아 흐르고, 배후 축산사면 입석은 심산유곡을 표현. 돌은 모두 청석(15.04.21)

신사 뒷산의 싱그러운 봄 경관(14.04.21)

입석과 철쭉만을 사용하여 개방감을 줌(15.04.21)

7개 물굽이. 돌배치가 자유분방하다(15.04.21)

상고정원. 신들이 사는 장소로 거석으로 신들을 표현(15.04.21)

즉흥정원(卽興庭). 불전에서 세방향 조망을 고려하여 반자유개방과 코크스이정원 형식으로 조영(15.04.21)

즉흥정원이라는 표목이 있다(15.04.21)

봉래정원. 중국에서 불로초를 얻으려 찾았다던 신선섬을 표현. 봉래신선도를 회유하면 신선경지에 도달되지 않을런지...(15.04.21)

봉래신선섬들이 모여 있다(15.04.21)

신선섬(神仙島)(15.04.21)

용문폭포. 잉어가 뛰어 오르기만 하면 용이 될 것이다(15.04.21)

4) 쿄토 도후쿠지東福寺 료긴안龍吟庵정원

료긴안龍吟庵정원은 시게모리미레이重森三玲가 1964년에 작정한 것이다. 정원은 셋으로 나뉘어 있다. 남정원南の庭은 「무정원無の庭」, 서정원西の庭은 「용정원龍の庭」, 동정원東の庭은 「이별하지 않는 정원不離の庭」으로 나뉜다.

남정원은 나무 한 주, 풀 한포기 없는 흰모래만 깔린 선禪세계를 표현하였다. 서정원은 흰 모래는 바다, 검은 모래는 구름, 담장 무늬는 벼락, 바닥 큰 돌은 용머리로, 용이 천둥번개 치는 날 바다에서 구름을 타고 승천하는 것을 이미지화 하였다. 동정원은 옛스님 이야기 –이리를 개 두 마리가 격퇴시켰다는 것–를 표현한 것이다. 시게모리 추상성을 천재적인 시각으로 표현한 것이다 본 정원은 단풍절에만 특별공개 한다.

료긴안 정원은 셋으로 나뉘며, 이곳은 남정원(南庭)인데 무정원(無庭)으로 흰 모래만 깔려 있다(14.11.26)

대나무 담장은 번개치는 모습으로 용이 승천하는 순간이다(14.11.26)

서정원(西庭)으로 용정원(龍庭). 앞 돌은 용머리, 백사는 바다, 흑사는 검은구름으로 용이 검은 구름을 타고 승천한다(14.11.26)

동정원(東庭)으로 불리정원(不離庭). 옛날 스님이 여우 습격을 받자 개 두마리가 구해 주었다는 전설로 만든 정원. 백흑 돌로 개 두마리를 표현(14.11.26)

무정원 담장. 번개치는 모습(14.11.26)

바다와 검은 구름이 한공간에 존재한다(14.11.26)

불리정원 전경(15.11.26)

담장밖의 단풍나무와 상록활엽수 잎들 색갈조화(15.11.26)

5) 쿄토 도후쿠지東福寺 레이운인靈雲院정원

레이운인靈雲院은 1390년에 개창한 작은 서원이었으나 6백년이 지나면서 정원이 황폐되었던 것을 1970년 시게모리가 복원한 것이다. 정원중 남정원은 「영의 정원靈の庭」, 서정원은 「와운의 정원臥雲の庭」인데 자연스럽게 연결되어 있다.

정원 중 남정은 이아이세키遺愛石을 수미산須彌山으로 하고, 구산팔해九山八海는 돌과 이끼로 폭포와 푸른 산을, 무늬가 있는 모래밭으로 파도치는 바다를 상징하여 전설의 우주세계를 표현하였다. 서정원에서 흰 모래는 강물, 붉은 모래는 햇살을 받아 붉어진 구름으로 상징하여, 바다로 향해 가는 강 계곡과 산을 구름이 휘감고 있는 모습이란다 모두 신선 세계를 표현한 것이다.

본 정원도 상시 개원하지 않고 단풍철만 개원하고 있으므로 확인이 필요하다. 묘신지에도 레인운인靈雲院 있어 혼돈할 수가 있다.

대문안 모습. 석등 4점 모양이 다르고, 흰모래 모양은 바다에서 일출 모습이지 않을까(15.10.05)

남쪽정원. 구산팔해이고, 중앙에 높이 세척 이아이세키(遺愛石)는 수미산(須弥山)이며 모래무늬와 돌은 폭포와 푸른 산인 영(靈)의 정원(15.10.05)

이아이세키(遺愛石)은 옛스님이 좋아하던 돌로 수미산으로 상징화시킴(15.10.05)

강물이 바다로 흘러든다. 폭포와 산을 입석으로 표현하였다(15.10.05)

강변 주변 석등, 절벽 산, 석탑(15.10.05)

구름과 강물은 한몸이다. 구름이 강물이 되고, 강물이 구름이 된다(15.10.05)

차를 마시는 방에서 남과 북정원이 연속되어 있는 것을 볼 수 있다(15.10.05)

강물이 흐르는 계곡과 산록을 구름이 에워싸고 있다(15.10.05)

구산팔해에서 흘러오는 강물을 데시마(出島)에 나가있는 곰이 쳐다보고 있다(15.10.05)

남정원 동쪽 돌수각과 석등. 돌수각을 자연석에 조영하였다(15.10.05)

6) 키시와다岸和田 하치진노니와八陳の庭

시게모리미레이重森三玲는 1896년생으로 일본미술학교에서 일본미술을 공부한 후 다도, 건축, 꽃꽂이 등 일본문화전반에 대한 공부를 계속하였고, 40대부터 일본정원을 독학으로 공부하기 시작했다. 전국 3 백개소이상 옛 정원 실측조사를 하면서 작정가로서 실무를 익혀 일본정원사 연구가로 활약하게 된다 많은 정원을 작정하였다.

하치진노니와八陳の庭는 1953년 시게모리가 설계하였는데, 중국 제갈공명의 「팔진법」을 이미지화하여 돌들을 9개군으로 배치하여 사방에서 감상할 수 있다. 본 정원을 작정할 때는 지금 정원 앞에 서 있는 천수각이 없었다. 정원작정

할 때 천수각이 세워진후 조감 경관을 미리 고려한지라 현재 천수각에서 내려다 보면 정원 이미지를 확실하게 이해할 수 있으니 앞을 내다보는 정원설계가 섬세하게 이루어졌음을 알 수 있다.

본 정원은 3계단으로 나뉘어 있으며 제일 높은 1단에 대장진지를 세우고, 2~3단에 8개진지를 배치하였다. 천수각 전면에 뱀진지蛇陳는 3개 장석長石으로 표현하였다 뱀진지에서 왼쪽으로 용진지龍陳는 9개 입석과 와석을 사용하여 용이 승천하는 이미지, 다음 바람진지風陳은 7개 누운돌로 폭풍이미지, 다음은 새진지鳥陳로 8개돌을 이용하여 하늘을 새가 오르는 이미지을 표현하였다.

다음 땅진지地陳는 3개 돌이 땅속 깊이 박혀 있는 이미지, 다음 호랑이진지虎陳은 2개 입석을 비롯하여 9개돌로 나타냈고, 다음은 하늘진지天陳로 입석을 세워 하늘 보루宝樓를 표현하였다. 탐방자 개인별로 관찰하고 이해해야 하겠다.

키시와다(岸和田)성(16.11.01)

1953년 시게모리(重森)가 삼국지 제갈공명 팔진법을 이미지화한 정원. 가운데 대장, 왼쪽부터 용, 바람, 새, 땅, 호랑이, 하늘, 뱀, 구름을 돌로 이미지화함(16.11.01)

3층 천수각에서 내려다 본 하치진노니와. 천수각 복원 3년전 천수각에서 내려다 볼 수 있는 정원을 완성(16.11.01)

대장바위(16.11.01)

뱀진영(16.11.01)

구름진영(16.11.01)

용진영(16.11.01)

바람진영(16.11.01)

새진영(16.11.01)

땅진영(16.11.01)

호랑이진영(16.11.01)

하늘진영(16.11.01)

지상에서 바라본 호랑이진영(16.11.01)

지상에서 바라본 땅진영(16.11.01)

11. 국가지정 「명승名勝」정원 등

필자가 답사한 130개소 정원을 앞서 분류한 항목에 따라 갈라 놓으니 29개소 정원이 남았다. 29개소 정원중 국가가 지정한 「명승名勝」정원을 포함하여, 아름다운 정원을 고르니 17개소가 되었다 일부 정원은 명승은 아니지만 필자가 보기에 특별하여 선정한 것이다.

1) 쿄토 묘신지 타이조인妙心寺 退藏院정원

묘신지妙心寺는 대사찰로 말사까지 합쳐 한 블럭을 차지하며 정원을 공개하는 사찰만도 5개소이지만 타이조인 정원만 제외하고는 예약제이어서 탐방할 수가 없었다. 묘신지는 호조方丈정원이 유명한데 입장할 수가 없어 타이조인 입구에 있는 정원만 맛만 본다.

입구 원신元信정원은 양, 음정원으로 나누어 조성한 카레산스이 정원인데 조성연대, 작정자에 대한 정보가 없다. 깊어가는 가을에 아름다운 붉은 단풍 환영을 받아가며 치센으로 향한다 멀리서 용문폭포에서 들려오는 물소리가 듣기에 참 좋다.

타이조인정원(退藏院庭) 안내도. 왼쪽 元信정원은 카레산스이식이고, 상부에 치센회유식인데 이 두곳만 공개. 보고싶은 호조(方丈)정원은 예약제(14.11.28)

元信 카레산스이정원으로 왼쪽 음 정원, 오른쪽 양 정원(14. 11.28)

양(陽) 정원으로 가운데 섬이 거북 모양이다(14.11.28)

음(陰)정원(14.11.28)

세 라한석(羅漢石)(14.11.28)

치센회유식 정원 가을이 깊었다. 경사면 계류가 치센으로 흘러들고, 왼쪽 철쭉집단이 눈에 끌린다(11.10.28)

초가정자. 출입금지(14.11.28)

석등이 잘 생겼다(14.11.28)

수이킨쿠지(水琴窟)로 옹기 등을 묻고 돌수각 물을 떨어트리면 메아리가 울려 묘한 음이 들린다(14.11.28)

단풍이 정말 곱다(14.11.28)

치센주변 단풍과 돌다리(14.11.28)

멀리 용문폭포에서 흘러 내린물이 치센으로 흘러 든다(14.11.28)

섬의 적송과 화백 어린나무(14.11.28)

잘 전성된 철쭉과 돌다리(14.11.28)

2) 쿄토 코린인興臨院정원

방장 전면정원이 주정원으로 카레산스이 정원이다 봉래산蓬萊山을 상징하는 큰 입석이 나무밑에 서 있고, 아래 큰 두 입석사이에 돌다리가 놓여 있다. 중국 천태산天台山 국청사國淸寺석교를 본 딴 것이라고 한다 돌다리 밑으로 강물이 흘러나와 대해를 이룬 것을 모래로 표현하였다.

카레산스이 정원으로 거대한 돌도 돌이지만, 흰모래를 대해로 표현한 면적이 대단한 규모다. 방장 툇마루에 앉아 봉래산과 대해를 바라보며 마음 평안을 가져본다 방장 나머지 삼면에 아정亞庭이 조성되어 있으며, 방장 동쪽은 규모가 조금은 크다. 이 정원 중앙에곡선 물길을 카레산스이로 표현하고 마루밑을 지나 호수에 다다르게 된다. 호수가 돌과 흰모래로 잘 표현되어 있다.

방장 전면 카레산스이(枯山水)정원. 넓은 모래밭은 바다를 표현하며, 방장마루에서 감상하는 정원(16.10.29)

중국 天台山 国清寺 돌다리를 모방하였고, 오른쪽 단풍나무밑에 봉래산을 상징하는 봉래산 입석(16.10.29)

봉래산. 불로초가 산다는 전설 산. 입석앞에 팔손이가 심겨 있다(16.10.29)

가운데 돌이 학석(鶴石)(16.10.29)

웃물을 가리고 있는 나무수국종류(16.10.29)

방장 뒷편 정원(16.10.29)

방장 뒷편 정원 전경(16.10.29)

아정(亞庭)으로 카레천(枯川)이 강조 됨(16.10.29)

카레천(枯川)(16.10.29)

3층석탑(16.10.29)

카레천이 마루밑을 통과하여 호수와 연결된다 (16.10.29)

카레호수(枯湖) 모습(16.10.29)

3) 쿄토 만슈인曼殊院정원

서원조계 정원 1656년 왕족이 조영하였다. 서원이 카츠라리큐桂離宮와 비슷하여 작은 카츠라리큐라는 별명이 붙었다 한다. 실내 전시중인 유리잔과 유리병은 1600년대 유럽형식이라 한다. 또한 방크기를 등차수열방법으로 나눈 바 동시대 유럽교회당 원근수법과 동일하여 서양문명 영향을 많이 받은 곳이다.

정원은 카레산스이 감상식으로 가까이에 거북섬, 멀리 돌다리 오른쪽에 학섬이 조영되어 있고 흰모래로 강물이 바다로 흘러가는 모습을 표현하였다. 본전 앞에 배와 돛대모습을 한 섬잣나무로 눈이 절로 가는 경물景物이다.

거목 섬잣나무. 배모양으로 잘키웠다(14.11.29)

본전 카레산스이 정원 후면 단풍나무(14.11.29)

감상식 카레산스이 정원(14.11.29)

정원내 입석과 돌다리(14.11.29)

내가 모여 강물이 되었다(14.11.29)

강물이 바다로 흘러든다(14.11.29)

잘생긴 돌수각. 왼쪽 거북머리가 보인다(14.11.29)

정면에 거북섬이 보인나(14.11.29)

4) 교토 치샤쿠인智積院정원

건물 동편에 치센감상식 정원이 위치하며, 축신을 하여 봉래산을 쌓았다. 왼쪽 계곡 폭포로 흘러 내리는 물량이 적어 치센에 생기는 물방울과 작게 들리는 물소리로 알 수 있다. 물속에 잉어석이 있어 용문폭포이다. 정원은 중국 로산廬山을 본뜬 것으로 계절별로 달라지는 경관이 아름답단다 특히 5월중순~6월상순에 요염하게 피는 사츠키철쭉이 아름답다고 한다.

정원은 작지만 치센에 드리우는 축산 그림자, 차경 등 경관을 앉아서 감상하는 정원으로는 걸작이라고 한다.

치샤쿠인(智積院) 정문(15.10.05)

실내벽하, 단풍나무와 벚꽃나무(15.10.05)

치센정원으로 돌다리 아래에 수락석과 카레폭포, 물속에 잉어석이 있어 용문폭포이다(15.10.05)

물방울이 일어나는 것으로 보아 폭포임에 틀림없다(15.10.05)

돌다리가 외롭다(15.10.05)

치센감상식 정원(15.10.05)

돌수각(15.10.05)

돌다리를 건너면 신선세계에 이를 것이다(15.10.05)

치센모습 (15.10.05)

건물 서편 카레산스이 정원(15.10.05)

5) 쿄토 죠류리지淨琉璃寺정원

사찰내 본당인 아미타阿彌陀당을 1107년에 건립했다는 유서 깊은 절이다. 본당 앞에 치센이 있어 정토식淨土式정원으로, 치센회유식이다 특별명승 및 사적으로 국가가 지정한 지역이다. 쿄토시는 정토식정원과 외부 숲이 상록활엽수인 구실잣밤나무 거목이 자라고 있어 1985년에 특별지역으로 지정하였다.

치센규모는 크지도 작지도 않은 적절한 규모이며, 섬과 데시마 관리가 깔끔하였다 3층 목조탑은 중요문화재로서 국보로 지정되어 있다. 주위를 에워싸고 있는 삼림은 난온대 극상수종인 구실잣밤나무가 주종으로 거목 숲이었다. 치센물은 남쪽 산에서 용출되어 2개 물길로 나뉘어져 치센으로 흘러 든다고 한다.

금목서꽃(15.09.30)

죠류리지 표지판(15.09.30)

죠류리지 본당 아미타당(15.09.30)

아미타당앞에 치센이 있어 정토식 정원이며, 동시에 치센회유식 정원(15.09.30)

섬에 아리소(荒磯), 쓰하마(州浜), 불당이 조영되었고, 멀리 데시마(出島), 3층 목조탑이 보인다(15.09.30)

아미타당 앞의 석등(15.09.30)

아미타당에서 보였던 3층 목조탑(15.09.30)

목조탑에서 바라본 아미타당. 양쪽 석등이 메세지를 전달하는 것 같다(15.09.30)

목조탑인근 삼존석(15.09.30)

목조탑 치센쪽에서 바라본 데시마. 양옆에 옥돌을 깔았고 잔디가 특징적이다(15.09.30)

경내에 부용이 많이 자라고 있었다(15.09.30)

꽃무릇꽃이 활짝 피었다(15.09.30)

6) 교토 료겐인龍源院정원

료겐인龍源院정원은 4개 정원으로 구성되어 있다 방장 남쪽에 이시단一枝坦, 방장 북쪽 료긴테이龍吟庭, 그리고 입구에 코다데이滹沱底와 토테키코東滴壺로 구성되어 있는데, 모두 카레산스이 정원이다.

이시단一枝坦정원은 1980년이전에 중국종인 7백년생 산다화가 살아 있어 이런 명칭을 갖게 되었지만 1980년에 이 나무가 고사하였다 한다. 본 정원은 돌이 세 그룹으로 나뉘어 있으며, 뒷쪽은 봉래산蓬萊山, 오른쪽은 학돌, 왼쪽 원형 이끼밭위에 거북돌을 배치하였는데 현장에서 확실하게 구분할 수 있다.

방장 북쪽 료긴테이龍吟庭는 이끼밭위에 돌을 배치한 카레산스이 정원으로서, 중앙에 입석이 아미산蛾眉山으로 툇마루에서 아미산을 볼 수 있다. 입구 코다데이滹沱底와 일본 최소 아정亞庭인 토테키코東滴壺는 물방울이 결국 대해大海를 이룬다는 선禪사상을 표현하고 있다.

명승정원. 4개 정원으로 구성. 입구에 코라테이(龍吟庭), 토테키코(東滴壺), 이시단(一枝坦), 료긴테이(龍吟庭) 순이다(16.10.29)

카레산스이 코라테이(龍吟庭). 물방울이 합쳐져 바다가 된다(16.10.29)

코라테이 전경(16.10.29)

코라테이 구석에 식재된 식물(16.10.29)

일본 최소 아석정(亞石庭)인 토테키코(東滴壺). 하나의 물방울이 바다 시작이다(16.10.29)

토테키코 물방눌 표현(16.10.29)

방장정원인 이시단(一枝坦). 뒤 큰바위가 봉래산, 전면 바위 거북돌, 오른쪽 학돌. 봉래산형식의 카레산스이 정원. 이시단은 칠백년 산다화가 있어 불렀으나 1980년에 고사함(16.10.29)

학돌(鶴石)(16.10.29)

이끼위의 거북돌(16.10.29)

봉래산(16.10.29)

아미산이 서 있는 료긴테이(龍吟庭(16.10.29))

삼존석이고 큰 돌이 아미산. 앞의 작은 돌이 예배석 (16.10.29)

7) 호센인宝泉院정원과 호라쿠엔宝樂園

(1) 호센인宝泉院정원

두 정원은 한 울타리내에 있으나 호센인 정원은 치센감상식, 호라쿠인은 카레산스이식으로 성격이 달라 구분하였다. 호센인은 오하라大原 짓코인實光院 옆집이다. 축산築山과 치센을 겸비하여 실내에서 감상하는 정원이다. 축산은 거북, 치센은 학을 상징한다고 하였다.

본 정원 특징은 7백년생 오엽송을 정원요소로 끌어 들인 것이다. 수형도 후지산 형태로 관리하고 있는데 줄기가 밑에서 셋으로 갈라졌으며, 수고 4m, 가지길이 남북 11.5m, 동서 14m, 근원경 둘레 4.25m 로 거목이다. 쿄토시 천연기념물로 지정되어 있다.

(2) 호라쿠엔宝樂園정원

조성은 2천년대 초일 것이다 조성 이미지는 지구 태초 원초적인 바다를 나타내었고 각종 돌배열은 신선세계를 표현했다고 한다. 저지에 백사를 덮어 바다를 상징하였고 아울러달밤에 비치는 은모래세계를 나타내었다.

정원내 수목도 꽃과 단풍이 요란한 꽃복숭아, 벚꽃종류, 단풍나무 등을 심어 무릉도원 신선세계를 표현하였다 삼존석, 봉래산 표현을 위해 거석을 세우기도 하였다.

호센인(宝泉院) 정문(05.04.07)

심산유곡 같은 정원. 축신은 기북을 상징하였다함. 5층석탑, 작은 폭포, 삼지닥나무꽃이 보인다(05.04.07)

치센은 학을 상징한다고 하며, 징검돌과 석등이 눈에 들어온다(05.04.07)

수령 700년생 섬잣나무. 수형은 후지산 모양이고, 수고 11m로 교토시 천연기념물(05.04.07)

실내에서 바라본 오엽송. 액자틀처럼 생겨 액자정원이라고 한다(15.10.02)

정원 돌수각. 툇마루에서 귀를 대면 물소리를 들을 수 있는 대나무 대롱(05.04.07)

정원내 용문폭포. 잉어석이 뚜렷하다(15.10.02)

정원내 돌다리(15.10.02)

같은 울타리이지만 정원 성격이 다른 카레산스이식이며, 조영시기가 최근이다. 돌다리가 옥석이다(05.04.07)

신선 세계로 들어가는 돌다리(05.04.07)

바다 징검돌을 건너서면 신선이 될 것이다(05.04.07)

후지산과 섬들(15.10.02)

10년만에 세월 이끼가 낀 돌수각(15.10.02)

삼존석(15.10.02)

삼존석과 봉래산(15.10.02)

돌다리와 원로. 관람객이 신선마을을 감상할 수 있다 (15.10.02)

8) 히로사키弘前 즈이라쿠엔瑞樂園

본 정원은 이 지역에서 형성된 학파에서 조영한 오이쉬부가쿠류大石武學流정원으로 부농집안 소속이었으며, 1890~1905년에 걸쳐 테이잔타카하시高橋亭山가 작정을 끝내고 2차공사로 1928~1936년에 걸쳐 완전하게 끝냈다 한다.

카레감상식으로 마루에 앉아 바라보자면 폭포, 작은 연못, 계류가 모두 카레枯이지만 물이 흐르는 것 같고, 멀리 이와키산岩木山;1,625m까지 이 정원을 감싸고 있어 한폭 풍경화를 보는 것 같았다. 정원면적은 1,320㎡(약 400평)이며, 정원석 460개, 수목이 270주가 심겨져 좁은 공간에 아름다운 정원을 조성하였다 작정자 솜씨가 대단하다. 1979년 국가지정 명승으로 지정되었다.

본관 건물. 초가지붕으로 고즈넉하다(15.10.11)

카레산스이 관상식 정원. 우측 석등밑에 돌다리, 뒤 입석은 카레타케를 표현, 좌우 2기 석등, 2기 석탑, 나무뒤로 이와키산(岩木山)을 차경으로 함(15.10.11)

뒤로 연결된 두열 디딤돌, 석등, 배런스가 잘 맞은 수목 배치(15.10.11)

카레개울(枯流)의 표현, 대조되는 2기 석등, 키 큰 침엽수 등으로 심산을 연상케 한다(15.10.11)

처마밑 돌수각(15.10.11)

소형 치센, 개울, 마른 폭포, 석등 등 숨겨진 보물찾기 그림 길다(15.10.11)

기울러진 소나무(頭位松), 5층 석탑, 이와사키 차경공간, 소나무앞 바위는 용일까(15.10.11)

거석으로 표현한 폭포, 돌다리, 직은 지센, 계류 등이 보인다(15.10.11)

차정자가 숨어 있고, 날이 흐려 이와키산이 보이지 않는다(15.10.11)

방안 정원 옛그림(15.10.11)

9) 요코하마横浜쇼묘지称名寺정원

쇼묘지称名寺는 1258년 사찰을 건립하기 시작하여 1323년 대가람을 완성, 정원은 1319년 착수하여 이듬해 완성하였다고 한다. 이때가 카마쿠라鎌倉시대로, 이 시대 유일한 정토식浄土式정원이란다 아울러 치센회유식이다.

1150년 창건한 히라이이즈미平泉모츄지毛越寺정원을 모델로 한 것으로 알려져 있다. 헤이안平安시대에는 귀족간에 정토식 정원이 유행이었다고 한다.

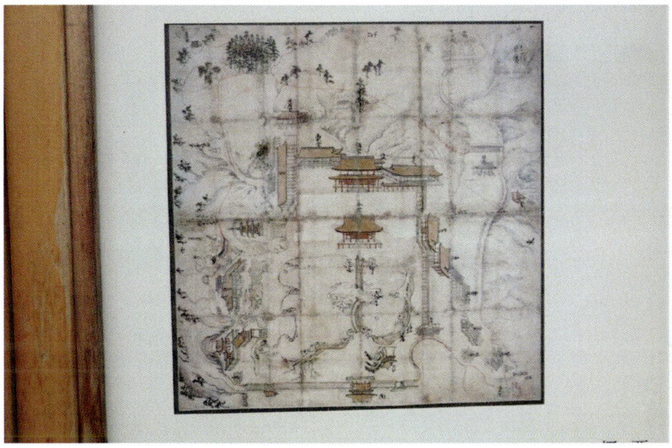

소묘지 안내도. 남쪽부터 인왕문, 홍예다리(虹霓橋), 평교(平橋)를 건너면 금당(金堂)에 도달된다. 전형적인 정토식(淨土式) 정원이다(15.04.16)

나무에 흰꽃, 붉은꽃을 달고 있는 벚나무(15.04.16)

고색창연한 이층 仁王門(15.04.16)

첫다리인 홍예다리(15.04.16)

둘째다리인 평교. 평교 너머 금당, 소가지붕 석가당, 금당 뒷산은 구실잣밤나무이다(15.04.16)

금당(金堂)(15.04.16)

초가지붕 석가당(15.04.16)

쿄토 뵤도인(平等院)정원(15.09.30)

생김새가 심상치 않은 은행나무 세 거목(15.04.16)

석가당 창문(15.04.16)

은행나무도 이같이 맹아가 나오다니...(15.04.16)

측면에서 바라본 두다리와 금당. 전형적인 정토식 장원(15.04.16)

10) 하마마츠浜松 마카야지摩訶耶寺정원

주차장에서 마카야지정원에 이르는 길은 오른쪽 크지 않은 겹벚꽃나무, 왼쪽 대나무담장인데, 이안에 정원이 있다는 것을 전혀 눈치채지 못 하였다. 1680년에 이축하였다는 우리나라에서 가져온 낯익은 고려문高麗門이 반긴다 고려문을 쳐다보니 가슴이 메어온다.

본당을 뒤로 하고 정원으로 향한다 정원은 별도 공간으로 본당 앞마당 서쪽에 떨어져 있다. 인기척이 없어 소리쳐 보건만 대답이 없으니 잠시 나그네가 집을 지켜야할 모양이다. 반갑게도 정원안내판이 나그네를 반긴다. 정원은 치센감상겸 회유식 봉래정원으로 면적은 1,510㎡(458평)이며 카마쿠라 전기시대(1200년대 초)작품인데, 1968년 유적발굴조사이후 현재까지 80%까지 당시 모습을 복원하였다고 한다.

많은 큰 돌로 왼쪽 입구에 데시마出島, 봉우리 두 곳에 각각 삼존석과 칠존석을 배열하고, 치센 오른쪽에 학섬을 조영한 것이 특색이다. 학섬은 길게 목을 빼고 막 나르려는 학을 표현했다고 한다. 학이 있으면 거북이가 따르는데, 안내도에는 없지만 현장에는 두 곳에서 거북모양 돌배열이 있었다.

마카야지(摩訶耶寺)정문. 1680년에 이축하였다는 고려문. 조선건축기법이 일본에 전해진 계기가 되었다 함(16.04.05)

석등(16.04.05)

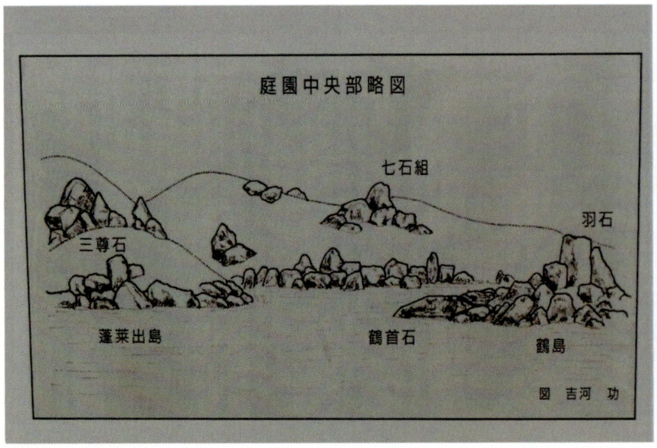

정원 안내도(16.04.05)

학섬. 입석이 날개석인 동시에 삼존석. 고개를 쭉 내민 학은 곧 날으려는 형상이다(16.04.05)

정원 왼쪽 봉래데시마. 거북머리같이 생겼다. 뒤로 삼존석과 25 보살 돌(16.04.05)

감상식인 동시에 치센회유식이다(16.04.05)

정원을 일주하게 되어 있다(16.04.05)

정원 오른쪽 끝에서 모습. 삼존석, 학섬, 데시마가 보임(16.04.05)

삼존석 근경(16.04.05)

정원과 별개로 원로 옆 돌배열(16.04.05)

건물과 정원 학섬(16.04.05)

겹벚꽃이 소담스럽다(16.04.05)

11) 마이바라米原 세이간지青岸寺정원

세이간지는 1359년에 사찰을 건립, 1504년 화재, 1640년 재건되었고, 정원은 1678년에 완성되었다고 한다. 카레산스이 감상식인데, 감상하는 마루에서 왼쪽 낭하로 오르면 건물 툇마루에서 상부지역을 감상할 수 있다.

정원은 경사지에 위치하고 오른쪽 상부에 삼존석과 카레타키枯瀧을 겸한 곳에서 물이 계류를 타고 강으로 흘러들고 마침내는 바다로 나가는 것을 이미지화 하였으니 정원을 감상하는 관람객 상상력에 따라 정원 풍요함이 달라질 것이나. 도중 봉래도蓬萊島에는 거북과 학이 엉겨 있다 암석이 대단하며 물길이 이끼로 덮혀 있어 비가 오면 정말 물길로 보일 것이다.

에도시대 호화스런 작품으로 정원내 돌다리를 건너면 신선세계로 들 수 있겠다. 본 정원은 편백과 같은 잎을 가진 삼나무고사리가 특이하며 대문안에 집단으로, 정원내에도 건물근처에서 볼 수 있다.

세이간지(青岸寺) 정문(16.04.07)

삼나무잎이끼. 삼나무잎과 똑같이 생겼다(16.04.07)

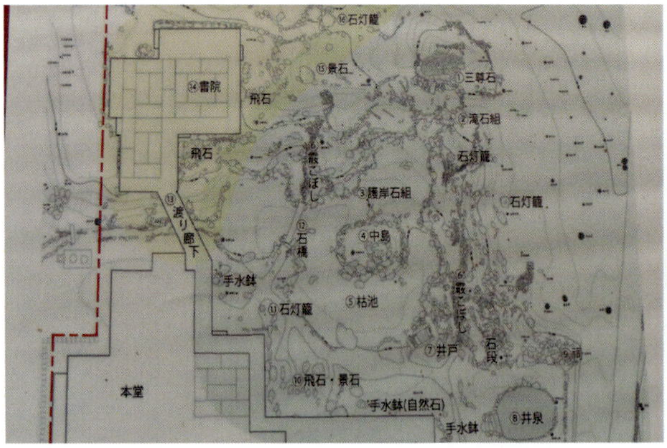

축산식 카레산스이 정원. 폭포에서 흐른 물이 카레못(枯池)를 지나 석교를 거쳐 마침내 바다에 이른다는 것을 추상적으로 표현하였다(16.04.07)

삼존석과 카레타키(枯瀧)에서 물이 시작됨(16.04.07)

물이 큰 줄기를 이루어 호수에 도착함(16.04.07)

물이 강을 지난다(16.04.07)

강물은 바다로 나간다(16.04.07)

처마밑 돌수각(16.04.07)

거북등에 올라탄 학형태 섬. 왼쪽 거북머리, 등에 학날개 바위가 있다(16.04.07)

건물 내부에서 바라본 거북과 학의 봉래도(16.04.07)

우물정(井)자 돌수각(16.04.07)

상단부에 서 있는 자연돌 석등(16.04.07)

마리아상과 부처상이 함께 조영되어 있는 석등(16.04.07)

다리를 건너 피안 세계에 이른다(16.04.07)

건물앞 카레치센에 이끼가 덮혀 있다. 오른쪽에 삼나무 잎이끼가 보인다(16.04.07)

상부 석등과 경석(景石)(16.04.07)

12) 다카시마高島 구 슈린지旧 秀隣寺정원

1530년에 정원을 축조하였다 한다. 무로마치室町시대 무가武家정원으로 수가 적어 귀중한 정원으로 취급한다고 한다. 치센회유정원으로 흐르는 물은 아주 적고 일부 공간은 물이 흐르지 않는 카레산스이식도 함께하고 있다. 치센식유수식池泉式流水式정원으로 부르고 있다.

면적은 770㎡(234평)규모이지만, 학섬의 등에 5백년된 동백나무와 봉래석이 함께 하고 있는 모습 등, 강한 이미지 거북섬이 인상적이다. 왼쪽 측 축산築山폭포에서 떨어진 물이 두 강으로 나뉘었다가 학섬뒤에서 합쳐져 바다로 나아간다.

작은 규모이지만 큰 돌로 거북섬과 학섬을 잘 조영하여 선이 굵은 정원이 되었다. 학섬에 5백년이 넘었다는 동백나무 두 주는 근원직경이 각각 60cm, 25cm, 수고는 둘 다 5m나 되는 거목이었다.

동백나무 거목(16.04.06)

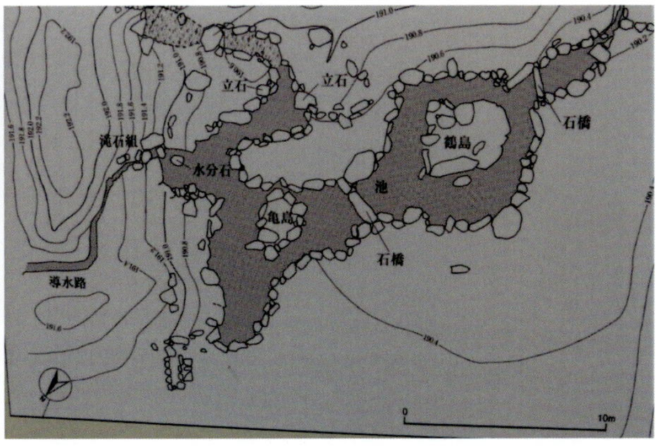

정원 안내도 거북섬(龜島)와 학섬(鶴島)이 주요 포인트이다 (16.04.06)

야리미츠(遺水)는 물이 흐르는곳과 마른 곳(하단부)로 나뉜다(16.04.06)

전면 거북머리, 다리건너 등에 500년생 동백나무를 얹은 학섬, 이끼로 덮힌 학머리, 두 입석 학날개가 보이는데 봉래석도 겸하고 있다(16.04.06)

거북섬 근경. 등에 큰돌이 얹혀 있다(16.04.06)

학섬 근경. 머리, 날개, 발이 보인다(16.04.06)

학섬 뒷모습(16.04.06)

거북섬 인근 돌다리(16.04.06)

폭포 근접 모습(16.04.06)

경내 이끼군(16.04.06)

13) 도쿠시마德島아와코쿠분지阿波國分寺정원

아와코쿠분지는 1582년 화재로 소실된 것을 1826년에 재건한바 이때 정원도 함께 조영한 것이다. 총 면적은 1,900㎡(서남 46m, 남북 42m)이며 서원쪽에서 감상하는 카레산스이식 정원이다. 이 지방 아와阿波산 청석으로 조영하였다고 한다. 1966년 시게모리미레이重森三玲가 정원을 실측한 후, 소감을 피력하였는데 돌배치는 호화스럽고, 강건하며, 기술이 걸작이라고 하였단다. 아울러 일본정원중 제1급품으로 평가하였다고 한다.

축산에 높이 4.3m 입석을 세우는 등, 나무 한 주 심지도 않고도 이렇게 힘찬 정원을 조영하였다는 것에 감탄하게 된다. 축산 3곳에 각기 거석 입석을 세웠다. 카레타키枯瀧에서 흘러 내리는 물길을 오석으로 깔았고, 깊은 강을 건너는 돌다리 4점이 설치되었다. 특히 본당 기단 대형 돌다리天生橋에서 물이 중앙섬이 있는 강으로 흘러 들게 하였다. 입체감이 있고 호화로운 모습은 중국 경승지로 생각할 정도라 한다. 이렇듯 훌륭한 정원은 쿄토, 토쿄에만 있는 것이 아니기에 귀동냥과 발품이 많이 필요한 것이다.

정원 안내도. 축산 3곳, 섬 1곳, 다리 5곳, 축산 거석 3곳이다. 삼존석조 북동, 왼쪽 축산이 남이다(16.04.09)

정원 전경. 축산 2곳이 보이며, 본당 기단 오른쪽에 석교(天生橋)가 보인다(16.04.09)

북쪽 축산 거석. 맨위 삼존석, 마른 물길, 거대한 돌다리밑으로 작은 옥석을 깔아 물길을 나타냄(16.04.09)

축산 정상 삼존석(16.04.09)

남쪽 축산 거석들. 돌다리도 보임(16.04.09)

남쪽 축산 거석 근경. 옥석임(16.04.09)

남쪽 축산에서 내려오는 물길(16.04.09)

남동쪽 축산 거석과 인근 거석들(16.04.09)

남동쪽 축산 거석 근경(16.04.09)

카레타키(枯瀧)에서 쏟아진 물이 흘러 내린다(16.04.09)

석교(16.04.09)

석교 4개가 보인다(16.04.09)

본당 북쪽 거석. 정원 밖이다(16.04.09)

본당 모습(16.04.09)

높이 1m 항아리가 못바닥에 매설된 것을 발굴해 낸 것임(16.04.09)

사진에 의하면 항아리 바닥을 뚫고 돌을 쌓아 샘물을 채취하던 용도라 함(16.04.09)

14) 카나자와金澤교쿠센인玉泉園

애잔한 사연이 깃든 정원이다. 임진왜란때 조선병사의 고아 김여철金如鐵을 일본에 데려와 마에다前田가문 가신 사위(20세 때)로 삼고 일본인으로 귀화시켜 성을 나오다脇田直賢로 바꾸고 연봉 쌀 1천 5백석을 받는 장수로 임명하였다 한다. 집을 짓고, 정원을 4대에 걸쳐 1세기동안 작정하였단다. 경제적 사정이 빠듯하였을 텐데, 이렇듯 훌륭한 정원을 완성한 것이다. 1878년 후손은 전 재산을 매각한 뒤 떠났고, 현재는 전혀 다른 가문이 매입하고 재단을 세워 기부하였다 한다.

삼백년이상 된 정원(1632년)으로 면적이 2,370㎡(720평)이고 47기 석등 배치되어 있는데, 초대주인直賢이 크리스챤이어서 오리배석등을 세우게 하였다고 한다. 상하 2단 이며 치센회유식으로 차실 사이세츠테이灑雪亭가 있었지만 문이 닫혀 있어 차 한잔 마시며 초대 주인마음을 느끼려던 기회를 얻지 못했다.

모국을 그리워 하면서 350년전에 식재한 잣나무와 능소화가 자라고 있었다. 다실은 1600년대 후기 건축물이고 1960년 이시가와현石川縣에서 명승으로 지정하였다. 유명한 정원 켄로쿠엔兼六園이웃이다.

쿄쿠센인(玉泉園)은 시나가와(石川)현 지정명승. 카나자와(金澤)시에서 가장 오래된 사이츠테이(려雪亭)가 있다는 간판(08.08.26)

안내도. 상부 다실공간, 하부 정원공간(10.11.26)

안내도. 상부 나실공간, 하부 정원공간(10.11.26)

정문 오른쪽에 오리배(織部)석등이 서 있다(10.11.26)

마리아상으로 정원 소유주가 크리스챤이었다(10.11.26)

정원 중문(08.08.26)

정자와 이끼갓을 쓴 두석등(08.08.26)

3층 석탑(08.08.26)

잣나무를 휘감은 능소화도 조선에서 가져 왔을까 (08.08.26)

오리배석등과 부처상(08.08.26)

찻집에 이르는 징검돌과 디딤돌(08.08.26)

유키미(雪見)석등(08.08.26)

치센과 적송. 적송이 잘 생겼다(10.11.26)

단풍속 다실(10.11.26)

고색창연한 석등(10.11.26)

석등(10.11.26)

15) 후쿠이福井 아이헤이지永平寺

아이헤이지永平寺에는 정형적인 정원은 없으나 7백년이상된 삼나무 3백주가 경내에 서 있어 정원에 버금가는 경관이라 명승이상 의미를 갖는다고 생각하여 본 항목에 실었다. 삼나무를 경내에 지니고 있는 사찰도 여럿 있었으나, 대부분 50~70년생이어서 주목을 끌지 못했다.

아이헤이지 경내 삼나무 노목은 근원경 3.5m(둘레 11.2m)정도 나무가 키 40m이상 자라고 있어 건축물들을 호위하고 있는 형상이다. 경사지로 올라가는 불전계단 양옆으로 고목 삼나무를 바라보면 전설이 있을 법하지 않을까.

경내도. 700년이상된 삼나무 300주가 자라고 있는 사찰이다(10.11.27)

경내에 들어서면 700살된 삼나무 할아버지들이 열지어 환영하는 모습을 볼 수 있다(10.11.27)

경내 건물과 삼나무(10.11.27)

석등도 키가 크다(10.11.27)

거목 삼나무가 호위무사인 법당도 고즈넉하다 (10.11.27)

이끼와 더불어 살고 있는 삼나무(10.11.27)

건물을 키 큰 삼나무가 보호한다(10.11.27)

경내 용문폭포(10.11.27)

40m 상공에서 삼나무끼리 귀속말을 수고 받고 있나 (10.11.27)

심나무 줄기가 700년정도 자라면 이런 모습이 되나보다 (10.11.27)

노거목 삼나무 줄기는 항아리 형태이다. 700년간 이야기를 담아두느라 배가 항아리처럼 불룩해졌나 보다 (10.11.27)

앞 삼나무는 근원경 3.5m(근원둘레 11.2m)인 거목. 뒤 삼나무는 수명을 다 했을까(10.11.27)

16) 야마카다山形 쿄구센지玉泉寺정원

이 정원은 반다이아사히磐梯朝日국립공원 가싼月山지역에서 이리저리 자동차를 타고 다니다가 길가에 쿄구센지玉泉寺정원 팻말을 보고 찾아 가게 되었다 이런 오지에 옛정원이 남아 있다는 것이 신기했다.

국가지정 명승으로서 1450년에 정원이 조영되었다 하며, 이때가 무로마치室町시대이고, 에도江戸시대인 1640년대에 개수한 치센회유식이다. 면적은 3,002.31㎡(약 908.2평)이고, 남북 30m, 동서 60m 규모에 이르는 정원이다. 본전(本殿)에서 정원을 감상할 수도 있고, 회유할 수도 있다.

봉래산을 표현한 봉래蓬萊石, 석등, 수변에 배치한 돌들이 인상적이다. 또한 정원 뒷면은 절벽으로 자연폭포가 있다. 폭포는 2단이고, 상부 폭포는 잉어석이 있는 용문폭포龍門瀑인데 본전에서는 나무들로 가려져 보이지 않으므로 좀 걸어 안으로 들어 가야한다.

참고로 쿄구센지를 개산한 스님了然法明禪師은 우리 고려국가 출생으로 중국에서 수행한후 일본에 들어 왔다고 한다.

본전 전면 치센이 정원 중심으로 치센크기는 남북 30m, 동서 60m에 이른다(16.10.18)

본전에서 바라본 교쿠센지(玉泉寺) 정원. 봉래식 치센회유식(16.10.18)

본전에서 정원을 감상할 수도 있고, 회유할 수도 있다(16.10.18)

본전에서 바라본 정원 전경. 징검돌이 가지런하고, 왼쪽 중앙 큰 검은 돌은 예배석(16.10.18)

정원 앞쪽 아름다운 야리미즈(遣水)(16.10.18)

오른쪽 봉래석과 왼쪽 석등. 수변 돌, 철쭉이 조화롭다(16.10.18)

본전 동쪽 작은 치센(16.10.18)

정원 동쪽에서 바라본 건물모습(16.10.18)

돌다리와 돌수각(16.10.18)

치센 동쪽 수심이 낮은 곳에 옥석을 깔았다(16.10.18)

돌두꺼비일까(16.10.18)

치센내 돌다리와 석등(16.10.17)

정원 북쪽은 절벽으로 폭포가 있음(16.10.18)

폭포는 2단으로 되어 있고, 상부는 잉어석이 놓여있는 용문폭포(16.10.18)

정원내 거석과 자연석으로 조영된 석등(16.10.18)

석등 모습이 특이함(16.10.18)

17) 유후인由布院타마노유玉の湯정원

본 정원은 여관 정원이다 유후인 시내에서 벗어나 있는 료칸旅館으로 정원 전체를 마을 뒷산里山; 사토야마을 주제로 작정하였다. 앞서 이야기한 토쿄 코쿄 히가시교엔東京 皇居東御苑일부에서 이런 정원을 볼 수 있었다 여관내에 삼림생태계를 이식한 것이다.

상수리나무, 느티나무, 단풍나무를 교목층(평균 흉고직경 20~40cm, 수고 8~10m)으로 하고, 하부인 아교목 및 관목층에 동백나무, 굴거리나무, 만병초, 철쭉류, 때죽나무, 팔손이, 찔레, 초본층에 옥잠화, 머위 등이 자라고 있었다. 아마도 훼손될 위기 마을숲을 흙과 식물을 통째로 옮기고 정원구성에 맞게 식물식재를 하였을 것이다. 정원조성은 생태계재현도 있을 수도 있다는 좋은 사례이다.

유후인 삼림경관. 침엽수림과 낙엽활엽수림 신록 조화(13.04.21)

타마노유 정원 입구. 동네 뒷산(里山)에서 볼 수 있는 낙엽활엽수 이차림이다(13.03.21)

느티나무와 상수리나무림(13.04.21)

상수리나무들 신록(13.04.21)

상수리나무(왼쪽)와 느티나무(오른쪽) 수피비교(13.04.21)

상수리나무잎(왼쪽)과 단풍나무잎(오른쪽)(13.04.21)

구실잣밤나무, 단풍나무, 상수리나무가 보인다 (13.04.21)

머위가 지피식물이다(13.04.21)

상수리나무 수관(13.04.21)

동백나무꽃(13.04.21)

굴거리나무 새순(13.04.21)

느티나무 겨우살이(13.04.21)

숙소와 이차림(13.04.21)

유후인 숲에서의 안개(13.04.21)

12. 삼림 등 기타

일본 전국에 걸쳐 정원을 찾아 다니면서 정원은 아니지만 경관이 좋은 사례지 5군데를 소개한다.

1) 쿄토 아라시야마嵐山

아라시야마嵐山; 381.5m는 쿄토 서쪽 산으로 쿄토 바람막이자, 쿄토를 안아주는 어머니산이며 서쪽에 위치한 사찰天龍寺; 텐류지 등정원에서 차경으로 정원에 모시는 산이다. 아라시야마와 카츠라가와(桂川)는 하나의 권역으로, 하천 크기도 넓고 아라시야마도 강을 품을 수 있는 높이이다 하천 왼쪽 숲은 단풍나무숲이 순림처럼 단풍나무가 많이 서 있다. 이는 자연현상이 아니고 과거에 단풍나무 아닌 나무는 베어내고, 단풍나무를 심어 가을에 예쁜 단풍모습을 볼 수 있게 한 것이다. 삼림경관을 디자인한 것이어서 관광지에서 삼림관리 한 방법을 보여주는 사례이다.

약간 붉은 빛 삼림이 단풍나무 숲. 다른 나무를 베어내고 단풍나무를 식재하여 삼림경관을 조성한 것이다(14.02.20)

겨울의 카츠라가와(桂川)와 아라시야마(嵐山) 경관 (14.02.20

아라시야마 초봄 경간. 산벚나무 꽃이 피었다 (14.02.20)

남향은 단풍이 절정에 이르렀다(14.11.27)

아교목 단풍나무는 북향이더라도 난풍이 가을를 만끽 하고 있다(14.11.27)

소나무와 단풍든 낙엽활엽수(14.11.27)

아리시야마 늦가을 풍경(14.11.27)

빨간 단풍과 놀잇배(14.11.27)

2) 쿄토 철학의 길哲學の道

철학의 길은 긴카쿠지銀閣寺입구에서 출발하는 1.8km에 이르는 길이다. 독일 하이델베르그 칸트 길처럼 1891년부터 부르기 시작하였다고 하며, 1921년 약 3 백주 어린 벚나무를 식재하였고, 1968년 현지 주민들 성의로 정비하였다고 한다. 현재는 거목 벚나무가 계절따라 아름다움을 과시하고 있다. 봄에는 화사한 벚꽃나무, 조팝나무, 삼지닥나무 등의 꽃, 여름에는 벚나무 녹음, 가을에는 벚나무와 도단 츠츠치 붉은 단풍, 겨울에는 이끼옷을 입은 벚나무 등이 아름다운 길이다.

멋이 깃든 이 길에서 철학을 하려면 계절별로 여러번 가야 되는데, 그러면 꽃과 단풍경관 등에 취해 쉽게 무념무상 경지에 도달될 것이다.

철학의 길 표석(14.11.29)

겨울 하천 경관(14.02.17)

겨울 철학길 벚나무. 수관폭이 매우 넓다(14.02.17)

이른 봄 하천 경관(05.04.06)

4월 초 꽃대궐을 지난다(05.04.06)

삼지닥나무 꽃. 주황색이다(05.04.06)

이팝나무도 봄꽃 경관에 한몫한다(05.04.06)

벚나무는 화려한 외투를 벗고, 몸에서 군더덕이를 내려놓고 겨울을 맞이할 준비를 끝냈다(14.11.29)

도단츠츠치 아름다운 단풍 모습(14.11.29)

벚나무가 이끼로 고풍스레 보인다(14.11.29)

3) 쿄토 쿄토식물원京都植物園

역사가 9십년이 더 된(1924년 개원)식물원이다. 해설판에 의하면 장미원, 작약원, 매화원, 벚나무품종원, 침엽수림원, 매화원, 유용식물원, 철쭉원, 서양풍경원 등으로 주제원별로 조영되었다. 하니 사계절 아름다운 옷으로 갈아입는 훼션쇼가 연이어 펼쳐져 힐링장소로도 으뜸장소이다 전체 면적은 24만㎡이고, 보유하고 있는 품종수는 1만 2천종 이라 한다. 우리나라 식물원도 많지만, 때로는 다른 나라 식물원도 살펴보아야 우리 것 소중함도 알게되고, 고칠점도 생각하게 될 것이다.

2005년 4월 7일에 이곳을 방문하였을 때 갖가지 아름다운 꽃, 특히 물망초, 튜립, 이팝나무 벚꽃, 동백꽃 등 꽃으로 꾸며진 무릉도원 분위기에 취하였다. 교토를 방문할 때 북쪽에 있는 식물원을 찾아보는 것도 정원 분위기 못지않게 행복할 것이다.

일본에서 동백나무는 무로마치시대(1332~1583)부터 품종개량 역사가 있으며, 모모야마시대부터 에도시대(1583~1867)에 많은 품종이 생겨 났다고 한다. 이곳 동백원은 일본 고전품종을 중심으로 250 품종 4백주 견본원 형식으로 약 4 천㎡에 조성하였다고 한다.

식물생태원은 교토후京都府개청 백주년 기념으로 총 면적 1만 5천㎡ 부지에 큐슈九州, 시코쿠四國난지성 식물, 중부지역 온대지방 식물, 홋카이도北海道한지성 식물을 한군데에 자생식물 위주로 식재하여 일본 전국 삼림생태계를 가늠할 수 있게 조성한 모양이다 외국인에게는 유익한 정보를 얻을 수 있는 장소이다.

대나무는 일본에 약 6백종이 자라고 있는데, 이곳에 백종을 식재하였다고 기록하여 놓았다. 또한 수국 종류도 130품종, 약 2천 주를 갖고 있고, 숙근초 및 유용식물은 약 3백종을 보유하고 있단다 대단한 식물원이다.

교토식물원 정문(05.04.07)

식물원 안내도. 중앙에 물길이 있고 각종 테마원이 구획되어 있다(05.04.07)

물망초들이 도란도란 이야기를 나눈다(05.04.07)

조팝나무꽃이 벚나무꽃을 압도한다(05.04.07)

동백나무원. 일본 고전품종 250품종 400여주를 식재하였다(05.04.07)

겹분홍꽃 동백나무(05.04.07)

동백나무원 전경(05.04.07)

석등과 수이킨쿠츠(水琴窟)(05.04.07)

수생식물 미즈바쇼가 봄을 알린다(05.04.07)

식물생태원으로 난대부터 한대에 이르기까지 일본 전국 식물을 식재하였다 한다(05.04.07)

물소리를 내기위한 소규모 폭포(05.04.07)

대나무원. 100품종을 식재하였다함(05.04.07)

목단원(05.04.07)

침엽수 조경수원(05.04.07)

봄 전령사 튜립과 히말라야시이더(05.04.07)

벚꽃과 튜립꽃(05.04.07)

일본에서 가장 많이 심는다는 소메이요시노 품종 벚나무. 꽃송이가 팝콘같다(05.04.07)

붉은 꽃인 수양벚나무(05.04.07)

분재원(05.04.07)

유럽종으로 크리스마스때 꽃이 핀다는 크리스마스로즈(05.04.07)

히에이잔 차경을 위해 나무를 더 이상 수직으로 자라지 못하게 하고 있다(05.04.07)

어린이들이 좋아할 조형물이다(05.04.07)

4) 쿄토 아미노하시다테天橋立

일본 3대 경승지三大景하나인 아미노하시나테天橋立은 쿄토후京都府에 속하는 미야프宮津시에 위치하는데 쿄토역에서 이곳까지 도로거리로 120km 정도 떨어진 곳이다. 쿄토 북쪽에 위치한다.

아미노하시다테는 길이 3.8km 제방같이 생긴 지형으로 양쪽이 바다이며 이곳에 대부분 해송인 소나무류가 7천주가 살고 있다. 그런데 이런 지형이 자연현상으로 생성되었다는 것이 신비롭다 동해쪽 단고반도丹後半島토사와 지역 하천토사가 만으로 흘러들어 함께 퇴적되어 6천~8천년전부터 제방같은 형상 지형이 나타나기 시작하여 2천년전에 오늘날과 같은 모양이 되었다고 한다 .

본 지형은 북쪽에서 남쪽으로 뻗어 있는데, 남쪽끝은 육지와 연결되지 못하고 섬이 가운데 있으며 다리 두 개가 아미노하시다테天橋立-섬-남쪽 육지를 연결한다 두번째 다리는 선박 운행시 들어 올리게 되어 있다.

아미노하시다테天橋立에 자라고 있는 해송을 위주로 한 숲 나무나이는 최대 5백~6백년생이며, 평균적으로 2백~3백년생이라고 한다. 그런데 신기한 것은 이 나무들이 자연발생한 것이란다. 강상류에서 토사와 함께 떠 내려온 해송종자들이 이곳에 도달, 이 틔여 자란 자연발생 나무라는 것이 놀랄만한 이야기이다 3.8 km 해송길을 걷다 보면 15개소이상 해송과 소나무에 각종 스토리를 붙여 작은 팻말을 세워 놓았다. 예를 들면 쌍룡 소나무, 부부 소나무, 셋슈雪舟소나무, 천관 소나무, 우정 소나무, 지혜 소나무 등이다. 작은 팻말옆에는 이름붙인 연유에 대해 적어 놓았다 재미있는 스토리텔링길이다.

아미노하시다테天橋立북쪽, 남쪽에 각각 로프웨이, 리프트카가 있어 높은 고개는 아니지만 쉽게 오를 수있다. 양쪽 언덕에서 내려다 보면 해송 숲길이 용龍 형상이다. 북쪽에서 내려다 본 아미노하시다테天橋立은 용이 승천하는 모습昇龍觀, 남쪽에서는 날르는 용 모습飛龍觀이라 하는데 정말 용 모습 같았다. 또 양쪽 전망대에서 허리를 굽혀 가랑이사이로 보면 하늘에서 계단이 내려온 모습같다 하여 아미노하시다테天橋立이름을 붙였다 한다.

일본 3대 경승(三大景) 하나인 아미노하시다테(天橋立) 안내판. 길이 3.6km 인 8천주 해송숲. 북에서 남으로 내려가는 코스임(16.10.28)

북쪽 전망대에서 바라본 아미노하시다테. 북에서 보이는 모습은 용이 하늘로 올라가는 모습으로 昇龍觀이라 함(16.10.28)

옛날 셋슈(雪州, 1420~1502)가 그린 아미노하시다테(16.10.28)

북쪽 시작점에서 바라본 숲입구. 탐방로 폭은 5m, 해송 대경목이 서있음. 오래된 해송은 500~600년생이라 함(16.10.28)

생성역사 해설판. 단고(丹後)반도 토사, 하천 토사가 함께 밀려와 약 6천~8천년전부터 퇴적되어 2천전부터 모습이 드러났고, 상류에서 소나무종자가 떠내려와 숲이 형성됨(16.10.28)

3~4백년생 해송과 적송이 어울려 있다(16.10.28)

노송과 더불어 살아가는 이끼와 바위옷 종류(16.10.28)

해송숲 밖 모래사장(16.10.28)

쌍룡소나무. 두주 노송이 서 있었으나 2003년 태풍으로 쓰러짐. 가지를 묘목으로 키워 2005년 후계자를 식재(16.10.28)

이런 노송들이 자연생이란다(16.10.28)

해송 어린 나무생장이 환경요인에 의해 힘들어져 토양개량 등 방법을 연구하고 있음(16.10.28)

두줄기가 사이좋게 자라고 있어 우정소나무라고 이름을 붙였다(16.10.28)

셋슈(雪州)소나무. 셋슈의 고귀한 인품처럼 생긴 나무(16.10.28)

해송 줄기가 삼지창이다(16.10.28)

일부지역에 활엽수가 자라고 있어 화근이 될지 모르겠다(16.10.28)

줄기 수피가 용비늘이다(16.10.28)

적송이 자태를 뽐내고 있다(16.10.28)

두줄기가 금슬 좋게 살고 있다하여 부부소나무
(16.10.28)

몸무게가 천관(千貫)이나 나간다는 천관송(16.10.28)

일본 3대경승(日本 三大景)비(16.10.28)

노목 적송마을(16.10.28)

해송가지가 물에 닿아 피해를 입었다(16.10.28)

지혜 소나무(16.10.28)

남쪽 두다리이 섬 해송숲(16.10.28)

아미노하시다테(天橋立)는 국가지정특별명승으로 1952년에 지정(16.10.28)

남쪽에 있는배가 지날때 회전하는 다리(16.10.28)

해송숲이 여러 환경조건 악화로 절실한 보호가 필요하다는 해설판(16.10.28)

남쪽과 북쪽을 오가는 관광선(16.10.28)

남쪽에서 보는 아미노하시다테는 용이 나는 경관이라 하여 飛龍觀이라 한다는 포스터(16.10.28)

용이 날고 있다(16.10.28)

5) 야마카다山形 하구로산 삼나무수림羽黑山 杉樹林

하구로산羽黑山은 반다이아사히磐梯朝日국립공원지역중 야마카다山形현 가싼月山지역에서 데와산센出羽三山에 포함된 세 산은 영산이라고 주민들이 오래전부터 신성시 여겨왔다. 그 세 산이 가싼月山; 1,984m, 유도노산湯殿山; 1,504m, 하구로산羽黑山; 414m이며 이중에 하구로산이 해발고는 낮지만 영산으로 끼어있는 것이 신사가 있기 때문인 것 같다.

하구로산羽黑山정상에 신사가 있고, 하부에 즈이신몬隨神門부터 1.7km 신사참배도 좌우에 추정수령 3백~5백년생 노목 삼나무가 585주나 자라고 있다. 그리고 이중 흉고직경 1.0~1.3m 이상 삼나무만 184주나 되는데 1955년에 특별천연기념물로 지정되었다. 일본에서도 드문 사례인 것 같다. 이 나무들은 1596~1643년동안 식재되었다고 한다. 일본에서 유명한 정원이나 특별한 경관지역 대부분이 사찰이나 신사지역에 포함되어 있으나 종교적 신념에 의해 자발적으로 참배하도록 되어 있지만 굳이 이런 곳을 참관할 필요없이 목적지인 정원만 찾으면 된다. 다만 유일하게 불교행사 참여를 전제로한 참관을 할 수 있는 곳이 하나 있는데 교토 사이호지西芳寺정원이었다 다른 모든 정원에서는 정해진 입장료만 내면 모든 장소에서 참관에는 문제가 없다. 단, 사진을 못 찍게 하는 곳을 필자는 세 군데를 방문하여 당황하였는데 이점 유의할 필요가 있다.

신사참배도 1.7km는 2,446개 돌계단이 깔려 있으나 각 계단 높이가 낮아 큰 부담을 주지는 않으나 경사길이라 완주하면 땀을 많이 흘릴 수 있다. 상부 신사와 즈이신몬隨神門앞에 각각 주차장이 있어, 필자는 상부는 신사내 삼나무를 관찰하고, 아울러 내려가는 계단입구 삼나무 가로수와 해설판을 살펴 보았다 이후 우회길을 자동차로 내려가 하부 즈이신몬 주차장에서 5층 목조탑까지 삼나무 가로수길을 걸었다.

오층 목조탑인근에 천년된 삼나무가 서 있다. 국가 천연기념물로 1951년에 지정되어 가로수 184주보다 4년 앞서 지정되었다. 천년 삼나무는 흉고직경 8.25m, 수고 45m 로 이 지역에서 제일 크고 가장 연로한 나무이다.

하구로산(羽黒山) 산정(해발 414m) 주차장 상가지역. 삼나무마을(16.10.20)

하로쿠산 산정신사지역~하부 즈이신몬(隨神門) 1.7km 신사참배도에 수령 300년정도 삼나무가 살고 있음(16.10.20)

흉고직경 1.0~1.3m이상 삼나무가 184주, 전체 삼나무는 585주임(16.10.20)

삼나무 키가 30~40m에 이르고 수관폭이 좁아 단위면적당 주수가 많다(16.10.20)

부부 삼나무이지 않을까(16.10.20)

삼나무 열병식(16.10.20)

두 삼나무가 뿌리로 연결된 한 몸(16.10.20)

참배도 하단부에 있는 즈이신몬(随神門). 여기에서 신사까지 돌계단이 2,446개. 하나씩의 계단높이가 높지 않아 삼나무를 보면서 오를 수 있다(16.10.20)

참배도 삼나무 가로수길(16.10.20)

노목 삼나무 가로수(16.10.20)

거목 삼나무 세주가 구수회담중(16.10.20)

죽은 나무가 이끼옷을 걸쳤다(16.10.20)

폭포와 삼나무(16.10.20)

수령 천년이라는 삼나무. 국가천연기념물로 1951년 지정. 뿌리목 둘레 10.5m, 흉고직경 8.25m,수고 45m로 이지역에서 가장 큰 나무(16.10.20)

베어진 삼나무. 직경 70cm, 나이테수가 103개이다. 30년 이후부터 100년너머까지 매년 생장량이 비슷하다(16.10.20)

베어진 나무등걸에서 어린 삼나무가 대를 잇고 잇다(16.10.20)

삼나무 가로수(16.10.20)

국보인 5층 목조탑. 1369년에 지어졌다하며, 창살이 있는 것이 특이하다 함(16.10.20)

참고문헌

1. 足立美術館. 2014. 足立美術館ガイドブック. 日美. 81pp.
2. Bring, M. and Wayembergh, J. 1981. Japanese Gardens-Design and Meaning-. McGraw-Hill, Inc. N. Y. 214pp.
3. 傳統文化保全協會 2001. 京都御所. 便利堂. 36pp.
4. 傳統文化保全協會. 2001. 仙洞御所. 便利堂. 36pp.
5. 傳統文化保全協會. 2009. 修學院離宮. 便利堂. 36pp.
6. 久芳勝也. 2011. 皇居東御苑セルフガドブブック. 菊葉文化協會. 52pp.
7. 宮元健次. 2006. 日本庭園のみかた. 學藝出版社. 175pp.
8. 尾關宗園. 水野克比右. 2010. 大仙院. 青幻舍. 95pp.
9. RaeSpencer-Jones. 2007. 1001 Gardens - You must see before you die-. Cassell Illustrated, London. 960pp.
10. 重森千靑. 2011. 日本庭園. ナツメ社. 215pp.
11. 田中昭三. 2002. 日本庭園の見方. 小學館. 159pp.
12. 東京都公園協會. 2007. 都立庭園花メグり. 43pp.
13. 東京都公園協會. 2010. 旧古河庭園. 30pp.
14. 東京都公園協會. 2010. 旧芝離宮恩賜庭園. 30pp.
15. 東京都公園協會. 2010. 六義園. 30pp.
16. 東京都公園協會. 2011. 清澄庭園. 30pp.
17. 東京都公園協會. 2015. 旧岩崎邸庭園. 30pp.

환경생태미래연구총서 I

101 개소
생태학자가 바라본 일본정원

2017년 8월 26일 초판 인쇄
2023년 8월 23일 2 판 발행

저자 / 이경재
발행인 / 이상춘
발행처 / 광일문화사
서울특별시 강남구 학동로 323(한미빌딩)
TEL : (02)517-5555

ISBN : 978-89-86752-62-5(93480)
정가 80,000원
※ 파본은 교환하여 드립니다.